"十四五"高等职业教育新形态一体化教材·新一代信息技术类典型专业课程系列

云计算技术应用

# 云计算项目化教程
## ——以华为云为载体

伍玉秀 杨展鹏 廖学旺 ◎ 编著

中国铁道出版社有限公司
CHINA RAILWAY PUBLISHING HOUSE CO., LTD.

## 内 容 简 介

本书采用项目化教学方式进行编写，项目之间前后连贯，体现出"教学做一体化"的教学理念。全书分为四个项目。项目 1 主要介绍云计算部署前的准备工作，即云数据中心网络架构的规划设计与实施；项目 2 主要介绍通过 FusionCompute 实现硬件资源的虚拟化，以及对虚拟资源和业务资源进行集中管理；项目 3 主要介绍如何通过 FusionManager 搭建一个云计算数据管理平台，对云计算的软件和硬件进行全面的监控和管理；项目 4 主要介绍通过 FusionAccess 实现桌面云的基本功能。项目以及项目中的任务都有相关的理论知识讲解和详细的实操指导，方便读者更好地学习掌握云计算的相关知识和操作技能。

本书适合作为高职高专云计算相关专业和 HCIA 认证考试的学习教材，也可作为云计算爱好者的入门学习资料，并可为云计算初级工程师学习提高提供帮助。

**图书在版编目（CIP）数据**

云计算项目化教程：以华为云为载体 / 伍玉秀，杨展鹏，廖学旺编著 .—北京：中国铁道出版社有限公司，2023.2

"十四五"高等职业教育新形态一体化教材

ISBN 978-7-113-29888-3

Ⅰ. ①云… Ⅱ. ①伍… ②杨… ③廖… Ⅲ. ①云计算 - 高等职业教育 - 教材　Ⅳ. ① TP393.027

中国版本图书馆 CIP 数据核字（2022）第 244278 号

| | |
|---|---|
| 书　　名：| 云计算项目化教程——以华为云为载体 |
| 作　　者：| 伍玉秀　杨展鹏　廖学旺 |
| 策　　划：| 王春霞　　　　　　　　　　编辑部电话：（010）63551006 |
| 责任编辑：| 王春霞　包　宁 |
| 封面设计：| 尚明龙 |
| 责任校对：| 苗　丹 |
| 责任印制：| 樊启鹏 |

出版发行：中国铁道出版社有限公司（100054，北京市西城区右安门西街 8 号）
网　　址：http://www.tdpress.com/51eds/
印　　刷：三河市国英印务有限公司
版　　次：2023 年 2 月第 1 版　2023 年 2 月第 1 次印刷
开　　本：850 mm×1 168 mm 1/16　印张：17.75　字数：384 千
书　　号：ISBN 978-7-113-29888-3
定　　价：55.00 元

**版权所有　侵权必究**

凡购买铁道版图书，如有印制质量问题，请与本社教材图书营销部联系调换。电话：（010）63550836
打击盗版举报电话：（010）63549461

# "十四五"高等职业教育新形态一体化教材
## 编审委员会

总顾问：谭浩强（清华大学） 黄心渊（中国传媒大学）

主　任：高　林（北京联合大学）

副主任：鲍　洁（北京联合大学） 眭碧霞（常州信息职业技术学院）
　　　　孙仲山（宁波职业技术学院） 秦绪好（中国铁道出版社有限公司）

委　员：（按姓氏笔画排序）

于　京（北京电子科技职业学院） 于　鹏（新华三技术有限公司）
于大为（苏州信息职业技术学院） 万　冬（北京信息职业技术学院）
王　芳（浙江机电职业技术学院） 王　坤（陕西工业职业技术学院）
王　忠（海南经贸职业技术学院） 方水平（北京工业职业技术学院）
方风波（荆州职业技术学院） 左晓英（黑龙江交通职业技术学院）
龙　翔（湖北生物科技职业学院） 史宝会（北京信息职业技术学院）
乐　璐（南京城市职业学院） 吕坤颐（重庆城市管理职业学院）
朱伟华（吉林电子信息职业技术学院） 朱震忠（西门子（中国）有限公司）
向春枝（郑州信息科技职业学院） 邬厚民（广州科技贸易职业学院）
刘　松（天津电子信息职业技术学院） 汤　徽（新华三技术有限公司）
阮进军（安徽商贸职业技术学院） 孙　刚（南京信息职业技术学院）
孙　霞（嘉兴职业技术学院） 芦　星（北京久其软件有限公司）
杜　辉（北京电子科技职业学院） 李军旺（岳阳职业技术学院）
杨龙平（柳州铁道职业技术学院） 杨国华（无锡商业职业技术学院）
吴　俊（义乌工商职业技术学院） 吴和群（呼和浩特职业技术学院）

汪晓璐（江苏经贸职业技术学院）　　　　张　伟（浙江求是科教设备有限公司）
张明白（百科荣创（北京）科技发展有限公司）陈小中（常州工程职业技术学院）
陈子珍（宁波职业技术学院）　　　　　　陈云志（杭州职业技术学院）
陈晓男（无锡科技职业学院）　　　　　　陈祥章（徐州工业职业技术学院）
邵　瑛（上海电子信息职业技术学院）　　武春岭（重庆电子工程职业学院）
苗春雨（杭州安恒信息技术股份有限公司）罗保山（武汉软件职业技术学院）
胡大威（武汉职业技术学院）　　　　　　胡光永（南京工业职业技术大学）
姜大庆（南通科技职业学院）　　　　　　姜志强（金山办公软件股份有限公司）
聂　哲（深圳职业技术学院）　　　　　　贾树生（天津商务职业学院）
倪　勇（浙江机电职业技术学院）　　　　徐守政（杭州朗迅科技有限公司）
盛鸿宇（北京联合大学）　　　　　　　　崔英敏（私立华联学院）
葛　鹏（随机数（浙江）智能科技有限公司）焦　战（辽宁轻工职业学院）
曾文权（广东科学技术职业学院）　　　　温常青（江西环境工程职业学院）
赫　亮（北京金芥子国际教育咨询有限公司）蔡　铁（深圳信息职业技术学院）
谭方勇（苏州职业大学）　　　　　　　　翟玉锋（烟台职业技术学院）
樊　睿（杭州安恒信息技术股份有限公司）

秘　书：翟玉峰（中国铁道出版社有限公司）

# 序

  2021年十三届全国人大四次会议表决通过了《中华人民共和国国民经济和社会发展第十四个五年规划和2035年远景目标纲要》，对我国社会主义现代化建设进行了全面部署，"十四五"时期对国家的要求是高质量发展，对教育的定位是建立高质量的教育体系，对职业教育的定位是增强职业教育的适应性。当前，在百年未有之大变局下，在"十四五"开局之年，如何切实推动落实《国家职业教育改革实施方案》《职业教育提质培优行动计划（2020—2023年）》等文件要求，是新时代职业教育适应国家高质量发展的核心任务。伴随新科技和新工业化发展阶段的到来和我国产业高端化转型，必然引发企业用人需求和聘用标准随之发生新的变化，以人才需求为起点的高职人才培养理念使创新中国特色人才培养模式成为高职战线的核心任务，为此国务院和教育部制订及发布的包括"1+X"职业技能等级证书制度、专业群建设、"双高计划"、专业教学标准、信息技术课程标准、实训基地建设标准等一系列具体的指导性文件，为探索新时代中国特色高职人才培养指明了方向。

  要落实国家职业教育改革一系列文件精神，培养高质量人才，就必须解决"教什么"的问题，必须解决课程教学内容适应产业新业态、行业新工艺、新标准要求等难题，教材建设改革创新就显得尤为重要。国家这几年对于职业教育教材建设下了很大的力度，2019年，教育部发布了《职业院校教材管理办法》（教材〔2019〕3号）、《关于组织开展"十三五"职业教育国家规划教材建设工作的通知》（教职成司函〔2019〕94号），在2020年又启动了《首届全国教材建设奖全国优秀教材（职业教育与继续教育类）》评选活动，这些都旨在选出具有职业教育特色的优秀教材，并对下一步如何建设好教材进一步明确了方向。在这种背景下，坚持以习近平新时代中国特色社会主义思想为指导，落实立德树人根本任务，适应新技术、新产业、新业态、新模式对人才培养的新要求，中国铁道出版社有限公司邀请我与鲍洁教授共同策划组织了"'十四五'高等职业教育新形态一体化教材"，尤其是我国知名计算机教育专家谭浩强教授、全国高等院校计算机基础教育研究会会长黄心渊教授对课程建设和教材编写都提出了重要的指导意见。这套教材在设计上把握了这样几个原则：

1. 价值引领、育人为本。牢牢把握教材建设的政治方向和价值导向，充分体现党和国家的意志，体现鲜明的专业领域指向性，发挥教材的铸魂育人、关键支撑、固本培元、文化交流等功能和作用，培养适应创新型国家、制造强国、网络强国、数字中国、智慧社会的不可或缺的高层次、高素质技术技能型人才。

2. 内容先进、突出特性。充分发挥高等职业教育服务行业产业优势，及时将行业、产业的新技术、新工艺、新规范作为内容模块，融入教材中去。并且为强化学生职业素养养成和专业技术积累，将专业精神、职业精神和工匠精神融入教材内容，满足职业教育的需求。此外，为适应项目学习、案例学习、模块化学习等不同学习方式要求，注重以真实生产项目、典型工作任务、案例等为载体组织教学单元的教材、新型活页式、工作手册式等教材，反映人才培养模式和教学改革方向，有效激发学生学习兴趣和创新 潜能。

3. 改革创新、融合发展。遵循教育规律和人才成长规律，结合新一代信息技术发展和产业变革对人才的需求，加强校企合作、深化产教融合，深入推进教材建设改革。加强教材与教学、教材与课程、教材与教法、线上与线下的紧密结合，达到信息技术与教育教学的深度融合，通过配套数字化教学资源，打造满足教学需求和符合学生特点的新形态一体化教材。

4. 加强协同、锤炼精品。准确把握新时代方位，深刻认识新形势、新任务，激发教师、企业人员内在动力。组建学术造诣高、教学经验丰富、熟悉教材工作的专家队伍，支持科教协同、校企协同、校际协同开展教材编写，全面提升教材建设的科学化水平，打造一批满足学科专业建设要求，能支撑人才成长需要、经得起实践检验的精品教材。

按照教育部关于职业院校教材的相关要求，充分体现工业和信息化领域相关行业特色，以高职专业和课程改革为基础，编写信息技术课程、专业群平台课程、专业核心课程等所需教材。本套教材计划出版 4 个系列，具体为：

1. 信息技术课程系列。教育部发布的《高等职业教育专科信息技术课程标准（2021 年版）》给出了高职计算机公共课程新标准，新标准由必修的基础模块和 12 项内容组成的拓展模块两部分构成。拓展模块反映了新一代信息技术对高职学生的新要求，各地区、各学校可根据国家有关规定，结合地方资源、学校特色、专业需要和学生实际情况，自主确定拓展模块教学内容。在这种新标准、新模式、新要求下构建了该系列教材。

2. 电子信息大类专业群课程系列。高等职业教育大力推进专业群建设，基于产业需求的专业结构，使人才培养更适应现代产业的发展和职业岗位的变化。构建具有引领作用的专业群平台课程和开发相关教材，彰显专业群的特色优势地位，提升电子信息大类专业群平台课程在高职教育中的影响力。

3. 新一代信息技术类典型专业课程系列。以人工智能、大数据、云计算、移动通信、物联网、区块链等为代表的新一代信息技术，是信息技术的纵向升级，也是信息技术之间及其与相关产业的横向融合。在此技术背景下，围绕新一代信息技术专业群（专业）建设需要，重点聚焦这些专业群（专业）缺乏教材或者没有高水平教材的专业核心课程，完善专业教材体系，支撑新专业加快发展建设。

4. 本科专业课程系列。在厘清应用型本科、高职本科、高职专科关系，明确高职本科服务目标，准确定位高职本科基础上，研究高职本科电子信息类典型专业人才培养方案和课程体系，重在培养高层次技术技能人才，组织编写该系列教材。

新时代，职业教育正在步入创新发展的关键期，与之配合的教育模式以及相关的诸多建设都在深入探索，按照"选优、选精、选特、选新"的原则，发挥在高等职业教育领域的院校、企业的特色和优势，调动高水平教师、企业专家参与，整合学校、行业、产业、教育教学资源，充分发挥教材建设在提高人才培养质量中的基础性作用，集中力量打造与我国高等职业教育高质量发展需求相匹配、内容形式创新、教学效果好的教材体系，努力培养德智体美劳全面发展的高层次、高素质技术技能人才。

　　本套教材内容前瞻、体系灵活、资源丰富，是值得关注的一套好教材。

国家职业教育指导咨询委员会委员
北京高等学校高等教育学会计算机分会理事长
全国高等院校计算机基础教育研究会荣誉副会长

2021 年 8 月

# 前　言

　　云计算从诞生到现在，诸如网易云音乐、有道云笔记和百度网盘等公有云服务已经广泛地存在人们的生活之中，对于企业来说，都已经上云或正在上云的路上。根据近期相关统计数据表明，中国市场的云基础设施服务势头猛增，2021年增长继续超过全球其余地区，中国是仅次于美国的第二大市场，占全球总量的14%。中国四大云服务提供商是阿里云、华为云、腾讯云和百度智能云，这四大巨头共占总量的80%以上。华为云在近期实现的涨幅很大，主要得益于互联网客户和政府项目以及在汽车行业取得的重大胜利。

　　目前，云计算按照运营模式分为公有云、私有云和混合云。公有云都是由云服务提供商搭建的，而私有云则是由企业或者单位自行进行部署。

　　华为公司以传统IT企业身份，为客户提供从硬件到软件再到私有云解决方案，成为世界上具有极强竞争力的私有云解决方案提供商之一。FusionSphere虚拟化解决方案是华为自主知识产权的云操作系统，集虚拟化平台和云管理特性于一身，让云计算平台建设和使用更加简捷，且能满足企业和单位的私有云建设需求。为了能够更好地适应市场的服务需求，华为打造了云计算HCIA、云计算HCIP和云计算HCIE认证来培养更多的华为云计算优秀人才。我们通过对华为云的建设与维护进行大量的实践操作，然后进行分类与总结，以项目为载体，采用任务驱动方式编写了这本既覆盖HCIA考试认证，同时也适合在校学生进行云计算学习的教材。

　　教材以项目为载体，由任务驱动，采用"教学做一体"的创新编写模式。按照"项目导入"→"职业能力目标和要求"→"相关知识"→"项目实施"→"练习题"→"项目实训"→"拓展阅读"梯次进行组织。每个项目按照实操任务的实际顺序进行编排，并且对每个项目和任务相关理论知识进行梳理，从而使学习者达到"学中练，练中学"的效果。通过本书的学习，可以让学习者能够对计算虚拟化、网络虚拟化、存储虚拟化、云平台管理、桌面虚拟化等云计算功能有较为深刻的理解。本书编写旨在让更多的学习者能够在实践中完成各个实训任务，达到掌握搭建云计算平台和运维管理的高水平应用技能。

每个项目的拓展阅读，增加课程思政内容，融入中国的"龙芯"、大国工匠"高凤林"和华为桌面云正式商用等重要事件和重要人物，鞭策学生努力学习，引导学生树立正确的世界观、人生观和价值观，帮助学生成为德、智、体、美、劳全面发展的社会主义建设者和接班人。

本书的学习需要具备交换机中的 VLAN、TRUNK、链路聚合、三层交换和路由等网络知识，具备 Windows Server 2008/2012 操作系统知识，具备 Linux 知识。

本书由伍玉秀、杨展鹏、廖学旺编著，编者虽然尽心尽力，但由于水平有限，错误和不足之处在所难免，恳请各位读者给予批评、指正，将不胜感激。

编　者

2022 年 10 月

# 目 录

## 项目 1　云数据中心网络设计 .................................................. 1
1.1　项目导入 ................................................................. 1
1.2　职业能力目标和要求 ....................................................... 1
1.3　相关知识 ................................................................. 2
 1.3.1　云计算概述 ........................................................ 2
 1.3.2　云数据中心网简介 .................................................. 3
 1.3.3　云数据中心相关软件 ................................................ 4
1.4　项目实施 ................................................................. 5
 任务　云数据中心网络规划与实施 .......................................... 5
小　　结 .................................................................... 12
习　　题 .................................................................... 13
项目实训 1　云数据中心网络规划与设计 ........................................ 13
拓展阅读 1　云原生 .......................................................... 14
拓展阅读 2　华为的三大操作系统——鸿蒙、欧拉和矿鸿 .......................... 15

## 项目 2　虚拟化平台搭建 ..................................................... 17
2.1　项目导入 ................................................................ 17
2.2　职业能力目标和要求 ...................................................... 17
2.3　相关知识 ................................................................ 18
 2.3.1　FusionCompute 简介 ............................................... 18
 2.3.2　FusionCompute 技术特点 ........................................... 19
2.4　项目实施 ................................................................ 20
 任务 2-1　CNA 主机的安装 .............................................. 20
 任务 2-2　VRM 安装 .................................................... 34

　　　　任务 2-3　接入主机、创建集群、创建 DVS ........................................ 41
　　　　任务 2-4　接入外置存储 ........................................................................ 55
　　　　任务 2-5　创建虚拟机及虚拟机相关操作 ............................................ 77
　　　　任务 2-6　虚拟机热迁移 ........................................................................ 93
　　　　任务 2-7　配置高可用性和调度策略 .................................................. 104
　　　　任务 2-8　调整虚拟机 .......................................................................... 110
　　小　　结 .............................................................................................................. 120
　　习　　题 .............................................................................................................. 121
　　项目实训 2　安装云操作系统 CAN 和虚拟化资源管理平台 VRM ............... 123
　　项目实训 3　管理虚拟化资源：计算虚拟化、网络虚拟化和存储虚拟化 ... 124
　　项目实训 4　创建和管理虚拟机 ........................................................................ 124
　　拓展阅读　中国"龙芯" .................................................................................... 125

# 项目 3　云平台管理实施 .................................................................................. 127

　　3.1　项目导入 ........................................................................................................ 127
　　3.2　职业能力目标和要求 .................................................................................... 127
　　3.3　相关知识 ........................................................................................................ 128
　　　　3.3.1　FusionManager 定位 ...................................................................... 128
　　　　3.3.2　FusionManager 简介 ...................................................................... 129
　　3.4　项目实施 ........................................................................................................ 133
　　　　任务 3-1　FusionManager 的安装 ..................................................... 133
　　　　任务 3-2　在管理员视图中添加管理资源 ......................................... 140
　　　　任务 3-3　创建和管理 VDC 与 VPC ................................................ 147
　　小　　结 .............................................................................................................. 167
　　习　　题 .............................................................................................................. 167
　　项目实训 5　使用 FusionManager 管理平台实施服务管理和资源管理 ......... 168
　　拓展阅读　大国工匠：高凤林 .......................................................................... 169

# 项目 4　桌面云搭建 .......................................................................................... 171

　　4.1　项目导入 ........................................................................................................ 171
　　4.2　职业能力目标和要求 .................................................................................... 171

## 4.3 相关知识 ........................................................................................................................ 172
### 4.3.1 FusionAccess 桌面云简介 ............................................................................... 172
### 4.3.2 FusionAccess 桌面云逻辑架构 ....................................................................... 174
### 4.3.3 FusionAccess 桌面云应用场景 ....................................................................... 175
### 4.3.4 FusionAccess 桌面云部署方案 ....................................................................... 182
### 4.3.5 项目任务介绍 ................................................................................................... 183
### 4.3.6 IP 规划 ............................................................................................................... 184
## 4.4 项目实施 ........................................................................................................................ 184
### 任务 4-1 安装部署 AD/DNS/DHCP 服务 ................................................................. 184
### 任务 4-2 安装部署 FusionAccess 服务组件 ............................................................. 213
### 任务 4-3 FusionAccess 桌面云系统初始配置 ......................................................... 227
### 任务 4-4 制作虚拟机模板 ........................................................................................... 234
### 任务 4-5 发放云桌面 ................................................................................................... 253
## 小 结 ................................................................................................................................... 265
## 习 题 ................................................................................................................................... 265
## 项目实训 6 安装部署 FusionAccess 桌面云域环境 ........................................................ 266
## 项目实训 7 安装配置 FusionAccess 桌面云系统 ............................................................ 267
## 项目实训 8 发放云桌面 ........................................................................................................ 268
## 拓展阅读 华为云桌面正式商用 ........................................................................................ 269

# 参考文献 ............................................................................................................................... 270

# 项目 1 云数据中心网络设计

## 1.1 项目导入

在云计算技术趋势的影响下，数据中心网络正发生着深刻的变革，不仅体现在规模、带宽、多链路、扩展性、灵活性的提升和成本的降低上，而且还体现在对虚拟机动态迁移的支持以及面临租户隔离和服务保证等挑战问题。企业搭建云数据中心网络，使网络变得更加灵活，并且能降低能耗与运营成本，网络环境更为稳定，满足更多业务的需求，同时云数据中心网络具有集中资源管理的特点，更适合云计算业务环境。那么在企业中，如何组建一个绿色安全、灵活可靠的云数据中心网络呢？

本项目将首先探讨云数据中心网络架构，然后对简化的云数据中心网络进行规划和实施，为虚拟化平台的网络互通做好准备。

## 1.2 职业能力目标和要求

- 了解云计算概念；
- 熟悉华为云计算架构；
- 掌握华为云数据中心网络的规划设计；
- 掌握华为三层交换机的相关配置操作；
- 了解华为 FusionSphere 软件套件；
- 具有团队合作精神。

## 1.3 相关知识

### 1.3.1 云计算概述

云计算（Cloud Computing）是基于互联网相关服务的增加、使用和交付模式，通常涉及通过互联网来提供动态扩展且经常是虚拟化的资源。云是网络、互联网的一种比喻说法。现阶段对云计算广为接受的定义是：云计算是一种按使用量付费的模式，这种模式提供可用的、便捷的、按需的网络访问，进入可配置的计算资源共享池（资源包括网络、服务器、存储、应用软件、服务），这些资源能够被快速提供，只需投入很少的管理工作，或服务供应商进行很少的交互。

"云"实质上就是一个网络，狭义上讲，云计算就是一种提供资源的网络，使用者可以随时获取"云"上的资源，按需求量使用，并且可以看成是无限扩展的，只要按使用量付费即可，"云"就像自来水厂一样，用户可以随时接水，并且不限量，按照自己家的用水量，付费给自来水厂即可。

从广义上说，云计算是与信息技术、软件、互联网相关的一种服务，这种计算资源共享池称为"云"，云计算把许多计算资源集合起来，通过软件实现自动化管理，只需要很少的人参与，就能让资源被快速提供。也就是说，计算能力作为一种商品，可以在互联网上流通，就像水、电、煤气一样，可以方便地取用，且价格较为低廉。

总之，云计算不是一种全新的网络技术，而是一种全新的网络应用概念，云计算的核心概念就是以互联网为中心，在网站上提供快速且安全的云计算服务与数据存储，让每一个使用互联网的人都可以使用网络上的庞大计算资源与数据中心。

云计算是继计算机、互联网后在信息时代的又一种革新，云计算是信息时代的一个大飞跃，未来的时代可能是云计算的时代，虽然目前有关云计算的定义很多，但概括来说，云计算的基本含义是一致的，即云计算具有很强的扩展性和需要性，可以为用户提供一种全新的体验，云计算的核心是可以将很多计算机资源协调在一起，因此，使用户通过网络即可获取到无限的资源，同时获取的资源不受时间和空间的限制。

云计算的三种服务模式分别是基础设施即服务（IaaS）、平台即服务（PaaS）和软件即服务（SaaS）。它们共同构成了如今整个云计算市场能提供的服务类型。

**1. IaaS**

IaaS（Infrastructure-as-a-Service，基础设施即服务）提供给消费者的服务是对所有计算基础设施的利用，包括处理CPU、内存、存储、网络和其他基本计算资源，用户能够部署和运行任意软件，包括操作系统和应用程序。消费者不管理或控制任何云计算基础设施，但能控制操作系统的选择、存储空间、部署的应用，也有可能获得有限制的网络组件（如路由器、防火墙、负载均衡器等）的控制。

### 2. PaaS

PaaS（Platform-as-a-Service，平台即服务）提供给消费者的服务是把客户采用的开发语言和工具（如 Java、Python、.Net 等）开发的或收购的应用程序部署到供应商的云计算基础设施上去。客户不需要管理或控制底层的云基础设施，包括网络、服务器、操作系统、存储等，但客户能控制部署的应用程序，也可能控制运行应用程序的托管环境配置。

### 3. SaaS

SaaS（Software-as-a-Service，软件即服务）提供给消费者完整的软件解决方案，消费者可以从软件服务商处以租用或购买等方式获取软件应用，组织用户即可通过 Internet 连接到该应用（通常使用 Web 浏览器）。所有基础结构、中间件、应用软件和应用数据都位于服务提供商的数据中心内。服务提供商负责管理硬件和软件，并根据适当的服务协议确保应用和数据的可用性和安全性。SaaS 让组织能够通过最低前期成本的应用快速建成投产。

## 1.3.2 云数据中心网简介

网络是云计算的重要组成部分，也是任何一个企业级虚拟化架构必不可少的基础设施，云数据中心网就是基于云计算架构建立的一个虚拟化网络。

云数据中心网络可采用核心层、汇聚层和接入层构成的三层网络结构，所使用的网络设备包括交换机、路由器、防火墙等，其拓扑结构如图 1-1 所示。在图中，云数据中心的网络数据流量以路由器为分界分为南北流量和东西流量。一般情况下，在云数据中心中经过路由器内外网的流量为南北流量，不经过路由器的内网流量为东西流量。

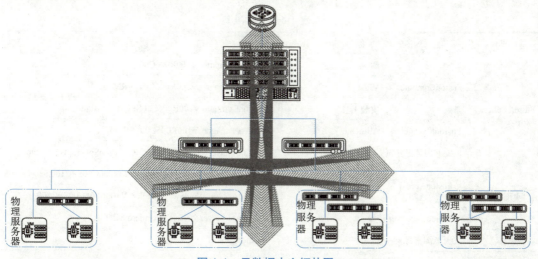

图 1-1 云数据中心拓扑图

随着云计算的发展，东西流量占比越来越大。据统计，到 2020 年，东西流量达到总带宽的 77%，跨数据中心 9%（如数据中心之间的灾备、私有云和公有云之间的通信等），南北流量仅占总带宽的 14%。

在云数据中心网络中，东西流量主要是指云数据中心内的服务器之间的流量。在云计算中，虚拟机（Virtual Machine，VM）随着需求的变化进行动态迁移，而动态迁移的关键就是要保证业务不中断、IP地址保持不变、运行状态保持不变，因此虚拟机的迁移只能在二层域中进行，而不能跨二层域迁移。而二层网络为了提高可靠性，采用了设备的冗余和链路冗余，这样就要采用STP（Spanning Tree Protocol，生成树协议）技术防止环路。由于STP的性能限制，采用STP技术的二层网络，通常不超过50个网络设备，这样就限制了虚拟机的迁移范围，应用受了极大的限制。为了实现VM大范围跨地域的迁移，就要求可能涉及的服务器都接入一个更大的二层网络域中，这就需要大二层网络架构。而实现大二层网络的核心技术就是网络虚拟化。

### 1.3.3 云数据中心相关软件

FusionSphere套件主要包括FusionCompute组件、FusionManager组件、FusionStorage组件、FusionSphere SOI组件、eBackup组件和UltraVR组件。本书只使用FusionSphere套件中的FusionCompute和FusionManager。FusionCompute组件在项目2中有详细介绍，FusionManager组件在项目3中有详细介绍。在FusionSphere虚拟化架构的基础上，部署了FusionAccess桌面云，FusionAccess在项目4中有详细介绍。

华为FusionSphere和FusionAccess的试用版可以在其官网support.huawei.com上下载，可以在评估模式下免费使用60天，评估期内用户可以使用其所有功能。华为云计算平台所需软件见表1-1。

表1-1 软件准备

| 基础部件 | 名 称 | | 软 件 |
|---|---|---|---|
| Fusion Sphere | FusionCompute | CNA | FusionCompute_V100R006C00_CNA.iso |
| | | VRM | FusionCompute_V100R006C00_VRM.zip |
| | | 安装工具 | FusionCompute V100R006C10SPC101_Installer.zip |
| | FusionManager | AllInOne | FusionManager_V100R006C00_SV.zip |
| | 安装向导工具包 | | FusionSphere Tool V100R006C00_FusionSphereInstaller.zip |
| 桌面云 | FusionAccess | | FusionAccess_Linux_Installer_V100R006C00SPC100.iso |
| | | | FusionAccess_Windows_Installer_V100R006C00SPC100.iso |
| | Windows Server 镜像 | | Windows Server 2012 R2 Standard 64bit.iso |
| 火狐 | 火狐浏览器 | | Firefox_46.0.1 |
| Java | — | | jre-8u92-windows-i586 |
| 系统镜像 | — | | cn_windows_7_professional_x64_dvd_x14-65791.iso |
| | | | Windows Server 2008 R2 Standard 64bit |
| | | | CentOS 7.0 64bit |

## 1.4 项目实施

**任务 云数据中心网络规划与实施**

### 任务描述

- 云计算数据中心通常分为多个不同的网络平面,不同的平面进行 VLAN 规划,不同 VLAN 规划不同的 IP 网络,以隔离流量;
- 在交换机 S5700 上创建各个网络平面的 VLAN,配置 Trunk 和链路聚合,实现物理网络通信。

### 任务目标

- 理解云数据中心网络架构;
- 掌握云数据中心网络的规划设计和实施。

### 事项需求

- 准备好云服务器;
- 准备好网络连接设备——三层交换机。

### 知识学习

云计算离不开网络基础设施,云计算中的网络通常分为不同的平面,如管理平面、业务平面、存储平面等。管理平面主要负责整个系统的监控、操作维护和虚拟机管理(创建/删除虚拟机、虚拟机调度)等。业务平面主要为虚拟机的虚拟网卡提供对外通信。存储平面主要为存储系统提供通信,并为虚拟机提供存储资源,用于虚拟机数据存储和访问(虚拟机的系统磁盘和用户磁盘中的数据)。

### 任务实施

**1. 云数据中心网络拓扑规划**

在实践环境下,我们简化了云数据中心的网络拓扑,读者既能通过实训掌握华为云计算的主要功能,同时也减少了对设备数量的要求,降低了实训室的总成本。实践环境的物理组网非常精简,分别使用了 3 台物理主机、1 台千兆交换机、1 台存储设备和 1 台 PC,如图 1-2 所示。

图 1-2 物理组网

在大多数情况下,数据中心的负载一般占用主机性能的 50%~60%,不能超过 80%,因此,这里为华为云计算数据中心规划了 3 台主机,组成 1 个小的集群,至少保证有 1 台机器用于冗余。在实际应用中,因为会存在主机死机、网络掉线、存储掉线等小概率故障,所以要保证一台机器可用于冗余。另外,还要考虑产品生命周期中的系统主机升级应用。当然,如果实际操作中设备有限,也可以使用 2 台云服务器完成实训任务,但会存在小概率故障的风险。

实践中,采用的华为 RH2288 V3 服务器配备五块千兆网卡,服务器的 Mgmt 管理网口用于智能管理系统链路,服务器的 eth0 和 eth1 做端口捆绑,用作管理网络和业务网络的物理链路,服务器的 eth2 和 eth3 做 Trunk,用作存储网络的物理链路,因此逻辑组网如图 1-3 所示。

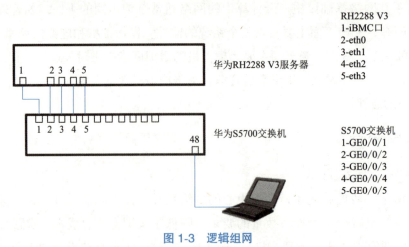

图 1-3 逻辑组网

## 2. 云数据中心 IP 规划

本任务采用华为 FusionSphere 虚拟化解决方案搭建云平台,FusionSphere 套件在项目 2 中

## 项目 1  云数据中心网络设计

有具体介绍。一个典型的 FusionSphere 云计算架构,通常将通信划分为不同的平面,如管理平面、存储平面、业务平面等。由于不同平面都将产生不同的流量,因此,必须对这些不同的平面进行 VLAN 规划以隔离流量,而不同的 VLAN 则必须规划到不同的 IP 网络,这些不同平面的具体规划如下:VLAN 规划见表 1-2、IP 网络规划见表 1-3、各组件 IP 地址规划见表 1-4。

表 1-2  VLAN 规划

| VlanID | 网 段 类 型 |
|---|---|
| 2 | iBMC 平面 |
| 100 | 管理平面网络 CNA/VRM<br>FusionAccess 管理平面<br>FusionManager 管理平面 |
| 101 | VSA 管理平面 |
| 102 | 存储平面 |
| 21 | 用户虚拟局域网 21 |
| 22 | 用户虚拟局域网 22 |
| 23 | 用户虚拟局域网 23 |

表 1-3  IP 网络规划

| VlanID | 网 段 | 网 关 |
|---|---|---|
| 2 | 192.168.2.0/24 | 192.168.2.1 |
| 100 | 172.16.100.0/24 | 172.16.100.1 |
| 101 | 172.16.101.0/24 | 172.16.101.1 |
| 102 | 172.16.102.0/24 | 172.16.102.1 |
| 21 | 172.16.21.0/24 | 172.16.21.1 |
| 22 | 172.16.22.0/24 | 172.16.22.1 |
| 23 | 172.16.23.0/24 | 172.16.23.1 |

表 1-4  各组件 IP 地址规划

| 组件名称 | IP 地址规划 | 子网掩码 | 网关 |
|---|---|---|---|
| iBMC-01 | 192.168.2.101 | 255.255.255.0 | 192.168.2.1 |
| iBMC-02 | 192.168.2.102 | 255.255.255.0 | 192.168.2.1 |
| iBMC-03 | 192.168.2.103 | 255.255.255.0 | 192.168.2.1 |
| CNA-01 | 172.16.100.110 | 255.255.255.0 | 172.16.100.1 |
| CNA-02 | 172.16.100.120 | 255.255.255.0 | 172.16.100.1 |

续上表

| 组件名称 | IP 地址规划 | 子网掩码 | 网关 |
|---|---|---|---|
| CNA-03 | 172.16.100.130 | 255.255.255.0 | 172.16.100.1 |
| VRM（主） | 172.16.100.111 | 255.255.255.0 | 172.16.100.1 |
| VRM（备） | 172.16.100.112 | 255.255.255.0 | 172.16.100.1 |
| VRM（浮动） | 172.16.100.113 | 255.255.255.0 | 172.16.100.1 |
| CNA-01 存储接口 IP | 172.16.102.110 | 255.255.255.0 | 172.16.102.1 |
| CNA-02 存储接口 IP | 172.16.102.120 | 255.255.255.0 | 172.16.102.1 |
| CNA-03 存储接口 IP | 172.16.102.130 | 255.255.255.0 | 172.16.102.1 |
| 存储设备的存储 IP | 172.16.102.5 | 255.255.255.0 | 172.16.102.1 |
| 存储心跳平面 | 172.16.103.2 | 255.255.255.0 | 172.16.103.1 |
| FM（AllInOne） | 172.16.100.3 | 255.255.255.0 | 172.16.100.1 |
| AD/DNS/DHCP | 172.16.100.7 | 255.255.255.0 | 172.16.100.1 |
| ITA/LI/WI/HDC/DB | 172.16.100.8 | 255.255.255.0 | 172.16.100.1 |
| DHCP 池 | 172.16.100.11~172.16.100.50 | 255.255.255.0 | 172.16.100.1 |

### 说明

（1）VRM 节点为主备配置时，则 VRM01 配置为主节点，VRM02 配置为备节点。

- 本节点 IP 地址：VRM01 的管理 IP 地址。
- 对端 IP 地址：输入规划的 VRM02 的管理 IP 地址。
- 浮动 IP：规划的浮动 IP 地址。
- 子网掩码：管理平面的子网掩码，即 VRM 主备 IP 地址、浮动 IP 地址所在网段的子网掩码。
- 仲裁 IP 地址：将第一个仲裁 IP 地址配置为管理平面的网关。
- 仲裁 IP 地址 02、仲裁 IP 地址 03：可选参数。设置为与管理平面互通的全局服务器的 IP 地址，如 AD 域服务器、DNS 服务器。

（2）VRM 节点为单节点配置时，VRM 的 IP 地址为主节点 IP 地址。FusionCompute 支持将 VRM 单节点扩展为主备部署。

以上规划设计可以看作一个真实案例的简化版，省去了详尽的需求分析，但在设计上足以作为参考，全书的安装和配置均遵循此设计。

**3. 云数据中心网络架构实施方案**

在华为云数据中心网络架构中，通常将通信流量划分为五种不同的类型，每种流量使用独立的通道，并采用冗余设计。如果使用的存储方案是 iSCSI 或 NFS，并且整个架构运行在千兆以太网之上，标准配置应该是每台 CNA 主机配有 10 块网卡。理想情况下，流量划分见表 1-5。

## 项目 1 云数据中心网络设计

表 1-5 理想情况下的网卡流量划分

| 流量类型 | 网卡分配 |
| --- | --- |
| 网管 | 使用网卡 1、2 |
| iSCSI/NFS 存储 | 使用网卡 3、4 |
| 虚拟机迁移 | 使用网卡 5、6 |
| 容错及日志记录 | 使用网卡 7、8 |
| 虚拟机通信 | 使用网卡 9、10 |

另外一种常见的情况是将网管和虚拟机迁移放在一起,两者共享带宽。如果网卡数量缺乏,也可以使网管和虚拟机迁移流量共用两块网卡而不是四块网卡。此外,在某些场景中,由于没有双机热备的需求,也就用不到容错,这种情况下可再省去两块网卡。

本次实践环境由于插槽有限,每台主机只有 5 块千兆网卡(包括 1 个智能管理网口 Mgmt),因此具体网络流量划分见表 1-6,其网络拓扑结构如图 1-4 所示。但在生产环境中,应当将管理与生产分开,则至少要有 7 块网卡。

表 1-6 网卡流量划分

| 流量类型 | 网卡分配 |
| --- | --- |
| 智能管理 | 使用网卡 1 |
| 网管 | 使用网卡 2、3 |
| iSCSI/NFS 存储 | 使用网卡 4、5 |
| 虚拟机迁移 | 使用网卡 2、3 |
| 容错及日志记录 | — |
| 虚拟机通信 | 使用网卡 2、3<br>(生产环境中,使用网卡 6、7) |

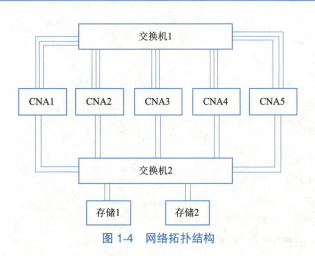

图 1-4 网络拓扑结构

在下面的实例中，由于只使用一台千兆交换机连接网络，因此在交换机 S5700 上创建 VLAN 来隔离不同平面的网络流量，并配置 Trunk 和链路聚合，实现 VLAN 中继和冗余功能。交换机各接口模式和所在 VLAN 见表 1-1，服务器的 Mgmt 管理网口用于智能管理系统连接到交换机 VLAN 2，服务器的 eth0 和 eth1 捆绑连接到交换机，通过 Trunk 链路连接到管理和业务平面（VLAN 100），服务器的 eth2 和 eth3 连接到交换机，通过 Trunk 链路连接到存储平面（VLAN 102）和存储心跳平面（VLAN 103）。

交换机配置如下：

```
vlan batch 2 21 to 23 100 to 103
#
interface GigabitEthernet0/0/1
  port link-type access
  port default vlan 2
#
interface GigabitEthernet0/0/2
  port link-type trunk
  port trunk pvid vlan 100
  port trunk allow-pass vlan all
#
interface GigabitEthernet0/0/3
  port link-type trunk
  port trunk pvid vlan 100
  port trunk allow-pass vlan all
#
Interface Eth-Trunk 0
  mode   lacp-static
  bpdu   enable
  Prot   link-type   trunk
  port trunk allow-pass vlan all
Interface g0/0/2
  Eth-trunk 0
Interface g0/0/3
  Eth-trunk 0
#
interface GigabitEthernet0/0/4
  port link-type trunk
  port trunk pvid vlan 102
  port trunk allow-pass vlan all
```

```
#
interface GigabitEthernet0/0/5
  port link-type trunk
  port trunk pvid vlan 102
  port trunk allow-pass vlan all
#
interface Vlanif 2
  ip address 192.168.2.1   255.255.255.0
#
interface Vlanif 100
  ip address 172.16.100.1   255.255.255.0
#
interface Vlanif 101
  ip address 172.16.101.1   255.255.255.0
#
interface Vlanif 102
  ip address 172.16.102.1   255.255.255.0
#
interface Vlanif 103
  ip address 172.16.103.1   255.255.255.0
#
interface Vlanif 21
  ip address 172.16.21.1 255.255.255.0
#
interface Vlanif 22
  ip address 172.16.22.1   255.255.255.0
#
interface Vlanif 23
  ip address 172.16.23.1   255.255.255.0
```

为便于理解，对上述交换机配置的说明见表 1-7。

表 1-7  交换机配置说明

| 序号 | 命 令 | 说 明 |
|---|---|---|
| 1 | vlan batch 2 21 to 23 100 to 102 | 创建 VLAN 2，VLAN 21 到 VLAN 23，VLAN 100 到 VLAN 102 |
| 2 | interface GigabitEthernet0/0/1<br>  port link-type access<br>  port default vlan 2 | 连接 iBMC 管理口<br>访问模式<br>端口分配给 VLAN 2 |

续上表

| 序号 | 命令 | 说明 |
|---|---|---|
| 3 | interface GigabitEthernet0/0/2<br>  port link-type trunk<br>  port trunk pvid vlan 100<br>  port trunk allow-pass vlan all<br>interface GigabitEthernet0/0/3（略） | 连接服务器 eth0，用作管理、业务网络物理链路<br>配置为 VLAN 中继<br>用于管理的流量不打标签<br>允许所有 VLAN 流量通过<br>与 G0/0/2 配置相同 |
| 4 | interface Eth-Trunk 0<br>  mode lacp-static<br>  bpdu enable<br>  Prot link-type trunk<br>  port trunk allow-pass vlan all<br>interface g0/0/2<br>  Eth-trunk 0<br>interface g0/0/3<br>  Eth-trunk 0 | 创建链路聚合组 0<br>静态 LACP 聚合模式<br>启用 BPDU<br>链路配置为 VLAN 中继<br>允许所有 VLAN 流量通过<br>进入到接口视图<br>接口加入链路聚合组 0<br>进入到接口视图<br>接口加入链路聚合组 0 |
| 5 | interface GigabitEthernet0/0/4<br>  port link-type trunk<br>  port trunk pvid vlan 102<br>  port trunk allow-pass vlan all<br>interface GigabitEthernet0/0/5（略） | 连接服务器 eth2，用作存储网络物理链路<br>配置为 VLAN 中继<br>存储流量不打标签<br>允许所有 VLAN 流量通过<br>与 G0/0/4 配置相同 |
| 6 | interface Vlanif 2<br>  ip address 192.168.2.1 255.255.255.0 | 进入 VLAN 2 三层接口<br>配置 IP 作为该网络的网关 |

## 小 结

在这个信息爆炸的新时代，云计算可以向组织提供确保财务稳定和高质量服务所需的信息处理革命性新方法，所有人都必须准备好应对这次革命。本项目作为云计算平台搭建的基础，设计了一个基于基础网络架构的网络拓扑，规划了不同流量的 VLAN 和不同的 IP 网络，通过对交换机的配置管理，实现各个平面的流量隔离和各自的数据通信。

通过本项目的学习，读者可以搭建一个简单的华为 FusionSphere 云数据中心网络，为云计算虚拟化平台的建设做好准备。

## 习 题

### 一、选择题

1. 某用户通过云服务提供商租用虚拟机进行日常使用，外出旅游时把虚拟机归还给云服务提供商，这体现了云计算的（　　）关键特征。

　　A. 按需自助服务　　　　　　　　B. 与位置无关的资源池

　　C. 按使用付费　　　　　　　　　D. 快速弹性

2. 在 FusionSphere 中，虚拟机的网关地址可以设置在（　　）类型的网络设备上。

　　A. 三层交换机　　　　　　　　　B. 二层交换机

　　C. 虚拟交换机　　　　　　　　　D. 一层物理设备

3. 配置物理网络设备时，一般采用（　　）方法隔离华为云计算解决方案中不同的网络平面。

　　A. 端口　　　　　　　　　　　　B. IP 地址

　　C. MAC　　　　　　　　　　　　D. VLAN

4. 华为 FusionSphere 的特点包括（　　）。（多选）

　　A. 应用按需分配资源　　　　　　B. 广泛兼容各种软硬件

　　C. 自动化调度　　　　　　　　　D. 丰富的运维管理

### 二、思考题

1. 在华为云计算网络平台中，哪些端口必须配置为 Trunk 模式？
2. 在华为的交换机配置中，如何配置不打标签的流量？

## 项目实训 1　云数据中心网络规划与设计

### 一、实训目的

① 了解云数据中心网络拓扑设计；

② 掌握云数据中心网络的规划设计；

③ 掌握三层交换网络配置。

### 二、实训环境要求

准备好云服务器 2~3 台、三层交换机 1 台。

### 三、实训内容

① 在表 1-8 中规划云数据中心 VLAN。

表 1-8  VLAN 规划

| VlanID | 网段类型（用途） |
| --- | --- |
|  |  |
|  |  |

②在表 1-9 中规划网段 IP 设计，每组使用 192.168.×.0/24 网络（×—短学号）；

表 1-9  IP 网络规划

| VlanID | 网段（IP） | 网关 |
| --- | --- | --- |
|  |  |  |
|  |  |  |

③在三层交换机中配置 VLAN 和相关网关。

## 拓展阅读 1　云原生

云原生是一种新型技术体系，是云计算未来的发展方向。云原生是基于分布部署和统一运管的分布式云，以容器、微服务、DevOps、持续交付等技术为基础建立的一套云技术产品体系，如图 1-5 所示。

图 1-5　云原生示意图

定义：云原生技术有利于各组织在公有云、私有云和混合云等新型动态环境中，构建和运行可弹性扩展的应用。云原生的代表技术包括容器、服务网格、微服务、不可变基础设施和声明式 API，如图 1-6 所示。

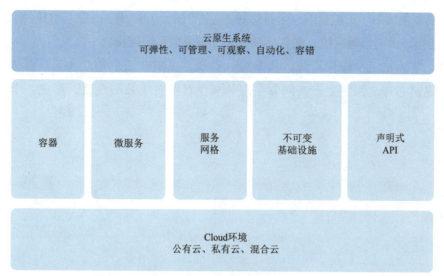

图 1-6　云原生的代表技术

特点：云原生应用也就是面向"云"而设计的应用，在使用云原生技术后，开发者无须考虑底层的技术实现，可以充分发挥云平台的弹性和分布式优势，实现快速部署、按需伸缩、不停机交付等。

当公司以云原生方式构建和运营应用程序时，它们可以更快地将新想法推向市场并更快地响应客户需求。

## 拓展阅读 2　华为的三大操作系统——鸿蒙、欧拉和矿鸿

2019 年 8 月 1 日，华为重磅推出了一款操作系统，称为鸿蒙，当时表示鸿蒙是一款大一统的系统，支持手机、计算机、物联网、自动驾驶等。

2021 年 6 月 2 日，鸿蒙正式用于手机，版本为 HarmonOS 2.0，而在用于手机之后，进展迅速，已经突破了 1 亿用户，华为表示其目标是覆盖 3 亿用户。

如果你以为，华为就鸿蒙这一款操作系统，那你就太低估华为了。华为高层表示，华为还有另外一个"备胎"，那就是欧拉系统（EulerOS、openEuler）。

不仅如此，华为还发布了矿鸿系统，也就是说华为旗下已经有三款操作系统。

鸿蒙系统是面向 C 端的，就是用于手机、计算机、物联网、自动驾驶等产品上，面向的是万物互联网，聚焦于为消费者提供优质的操作系统。

而欧拉系统则是基于 Linux 的企业级服务器操作系统，主要针对 B 端客户，以及云端操作系统，而鸿蒙与欧拉组合起来，就差不多可以覆盖万物，且欧拉在云端，鸿蒙在设备端，两者又是结合的。

矿鸿是鸿蒙系统用于工矿业的一个特殊版本，主要用于工业、矿业，它与欧拉、鸿蒙又不一样，可以与欧拉连接，云端依赖欧拉，而在后端，又可与鸿蒙系统连接。

很明显，华为这三个操作系统，从B端、C端、工矿业三个角度入手，再结合华为的高斯数据库、鲲鹏芯片、鲲鹏生态、鸿蒙生态等实现对所有场景的覆盖，形成一个前所未有的大生态。

# 项目 2

# 虚拟化平台搭建

## 2.1 项目导入

云计算按照服务模式分为 IaaS、PaaS 和 SaaS 三种服务。虚拟化为云计算提供了 IaaS 服务,将传统 IT 中的应用程序和操作系统与硬件解耦。目前,华为公司的 FusionSphere 虚拟化套件是业界领先的虚拟化解决方案,通过在服务器上部署虚拟化软件使一台服务器可以承担多台服务器的工作。FusionSphere 能够给客户带来多项价值,从而大幅提升数据中心基础设施的效率:一是帮助客户提升数据中心基础设施的资源利用率;二是帮助客户大幅缩短业务上线周期;三是帮助客户大幅降低数据中心能耗;四是利用虚拟化基础设施的高可用和容错能力,实现业务快速自动化故障恢复,降低数据中心成本和增加系统应用的正常运行时间。

本项目针对 FusionCompute 云操作系统的虚拟化特性和功能,设计了 CNA 安装、VRM 安装、接入主机、创建集群、创建 DVS、接入外置存储、创建虚拟机及虚拟机相关操作、虚拟机热迁移、配置高可用性和调度策略、调整虚拟机等 8 个任务。读者可以通过实施这些任务来认识 FusionCompute 的技术特点和理解云计算的概念。

## 2.2 职业能力目标和要求

- 理解华为 FusionCompute 的功能特性;
- 掌握计算虚拟化、存储虚拟化和网络虚拟化相关知识。
- 熟练掌握华为云平台 CNA、VRM 的安装过程;

- 学会网络资源虚拟化；
- 学会存储资源虚拟化；
- 学会集群的创建与管理；
- 掌握虚拟机的创建与管理；
- 掌握虚拟机的热迁移技术；
- 掌握虚拟机的高可用性；
- 具有爱国情怀。

## 2.3 相关知识

FusionCompute 是 FusionSphere 虚拟化套件中最重要的组件，主要实现硬件资源的虚拟化，以及对虚拟资源、业务资源和用户资源进行集中管理。

### 2.3.1 FusionCompute 简介

FusionCompute 是云操作系统软件，主要负责硬件资源的虚拟化，它采用虚拟计算、虚拟存储、虚拟网络等技术，完成计算资源、存储资源、网络资源的虚拟化。同时通过统一的接口，对这些虚拟资源进行集中调度和管理，从而降低业务的运行成本，保证系统的安全性和可靠性，协助运营商和企业构筑安全、绿色、节能的云数据中心。FusionCompute 在虚拟化套件中的定位如图 2-1 所示。

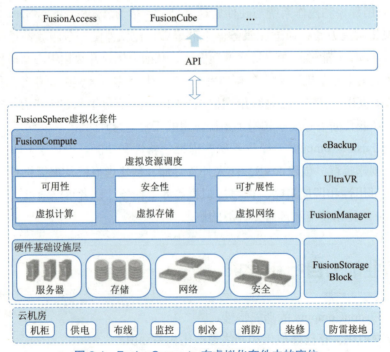

图 2-1 FusionCompute 在虚拟化套件中的定位

# 项目 2  虚拟化平台搭建

FusionCompute 包含两个核心部件，一是 CNA（Computing Node Agent，计算节点代理），二是 VRM（Virtualization Resource Management，虚拟资源管理）。CNA 提供虚拟化功能，主要是以集群的方式部署，将集群内的计算、存储和网络资源虚拟化成资源池提供给用户使用。VRM 是一种服务，主要用于将多个主机（CNA 节点）的资源加入资源池中，并管理这些资源。

FusionCompute 逻辑结构如图 2-2 所示。CNA 和 VRM 都有管理的作用，CNA 管理的是本节点上的虚拟机和资源，而 VRM 是从集群或者整个资源池的层面进行管理。如果 VRM 对某个虚拟机进行修改时，需要将命令下发给 CNA 节点，再由 CNA 去执行，操作完成后，再把结果返回 VRM，由 VRM 记录到数据库中。因此，尽量不要在 CNA 上执行虚拟机或其他资源的修改操作，以免造成 VRM 数据库中的记录与实际不匹配。

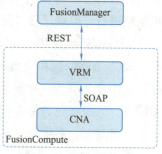

图 2-2  软件逻辑结构

## 2.3.2 FusionCompute 技术特点

### 1. 统一虚拟化平台

FusionCompute 采用虚拟化管理软件将计算资源划分为多个虚拟机资源，从而为用户提供高性能、可运营、可管理的虚拟机。它支持虚拟机资源按需分配和支持多操作系统，使用 QoS 保证资源分配，隔离用户之间的影响。

### 2. 支持多种硬件设备

FusionCompute 支持基于 x86 硬件平台的多种服务器和兼容多种存储设备，可供运营商和企业灵活选择。

### 3. 支持多种部署方案

多种部署方案见表 2-1。

表 2-1  多种部署方案

| 部署方案 | 管理的主机数量 / 台 | 管理的 VM 数量 / 台 |
| --- | --- | --- |
| 小规模场景部署方案 | 3~50 | 1~1 000 |
| 中等规模场景部署方案 | 51~200 | 1 001~5 000 |
| 大规模场景部署方案 | 201~1 000 | 5 001~10 000 |

### 4. 分布式资源调度和电源管理

FusionCompute 提供各种虚拟化资源池，包括计算资源池、存储资源池、虚拟网络。资源调度是指这些虚拟化资源根据不同的负载进行智能调度，达到系统各种资源的负载均衡，在保证整个系统高可靠性、高可用性和良好的用户体验的同时，有效提高了数据中心资源的利用率。

FusionCompute 支持如下两种调度方式。

1）分布式资源调度

在一个集群内，对计算节点（CNA 主机）和虚拟机运行状态进行监控的过程中，如果发现集群内各计算服务器的业务负载高低不同并超过设置的阈值时，根据管理员预先制定的负载均衡策略进行虚拟机迁移，使各计算服务器 CPU、内存等资源利用率相对均衡。

2）动态节能调度

动态节能调度和负载均衡配合使用，仅在负载均衡调度打开之后才能使用动态节能调度功能。在一个集群内，对计算服务器和虚拟机运行状态进行监控的过程中，如果发现集群内业务量减少，系统将业务集中到少数计算服务器上，并自动将剩余的计算服务器关机；如果发现集群内业务量增加，系统将自动唤醒计算服务器并分担业务。

### 5. 丰富的运维管理

FusionCompute 提供多种运营工具，实现业务的可控、可管，提高整个系统运营的效率。支持"黑匣子"快速故障定位，系统通过获取异常日志和程序堆栈，缩短问题定位时间，快速解决异常问题；支持自动化健康检查，系统通过自动化的健康状态检查，及时发现故障并预警，确保虚拟机良好运营管理；支持全 Web 化的界面，通过 Web 浏览器对所有硬件资源、虚拟资源、用户业务发放等进行监控管理。

### 6. 云安全

FusionCompute 采用多种安全措施和策略，并遵从信息安全法律法规，对用户接入、管理维护、数据、网络、虚拟化等提供端到端的业务保护。

## 2.4 项目实施

### 任务 2-1　CNA 主机的安装

视频
CNA的安装

**任务描述**

- 在物理服务器上配置 RAID 控制卡，实现系统安装盘采用 RAID1，数据磁盘使用 RAID0；
- 使用光驱在物理服务器上安装 CNA 操作系统。

**任务目标**

- 学会配置服务器上的 RAID 控制卡；
- 掌握通过物理光驱安装 CNA 操作系统；
- 掌握对 CNA 主机的配置操作。

项目 2　虚拟化平台搭建

 事项需求

- 准备好物理光驱；
- 已获取服务器 BIOS 密码（如服务器未设置 BIOS 密码，则无须提前获取）；
- 已获取 ISO 格式的 CNA 安装镜像，软件为 FusionCompute_V100R006C00_CNA.iso；
- 本地 PC 已安装火狐浏览器，版本号为 Firefox_46.0.1；
- 本地 PC 已安装 Java，版本号为 jre-8u92-windows-i586。

知识学习

### 1. 服务器虚拟化

服务器虚拟化是将服务器的物理资源抽象成逻辑资源，让一台服务器变成几台甚至上百台相互隔离的虚拟服务器，不再受限于物理上的界限，而是让 CPU、内存、磁盘、I/O 等硬件变成可以动态管理的"资源池"，从而提高资源的利用率，简化系统管理。同时硬件辅助虚拟化技术提升虚拟化效率，增加虚拟机的安全性。

1）裸金属架构

FusionCompute 的 Hypervisor 使用裸金属架构，直接在硬件上安装虚拟化软件，将硬件资源虚拟化。由于使用了裸金属架构，FusionCompute 可为用户带来接近物理服务器一样的性能、高可靠和可扩展的虚拟机。

 说明

华为的虚拟化产品在 R6.3 版本之前是基于 Xen 开发的，从 R6.3 版本开始是基于 KVM 开发的。本书所涉及的产品版本都是基于 Xen 开发的，而 Xen 是典型的裸金属虚拟化。

2）CPU 虚拟化

FusionCompute 将物理服务器的 CPU 虚拟成虚拟 CPU（vCPU），供虚拟机运行时使用。vCPU 的使用数量可远远超过物理服务器的 CPU，例如，2 个 12 核心的 CPU，在内存、存储足够的情况下，按照 1∶5 的比例，则可以虚拟出 $2 \times 12 \times 5 = 120$ 个 vCPU。当多个 vCPU 运行时，FusionCompute 会在各 vCPU 间动态调度物理 CPU 的资源，每个虚拟机最大支持 64 个 vCPU。

3）内存虚拟化

FusionCompute 支持内存硬件辅助虚拟化技术，降低内存虚拟化开销，提升约 30% 的内存访问性能。同时，FusionCompute 支持智能内存复用策略，自动优化组合各种内存复用策略，实现内存的高复用率。每个虚拟机最大支持 1 TB 虚拟内存。

内存复用是指在服务器物理内存一定的情况下，通过综合运用内存复用单项技术（内存气泡、内存交换、内存共享）对内存进行分时复用。通过内存复用，使得虚拟机内存规格总和大于服

务器规格内存总和,提高服务器中虚拟机密度。FusionCompute 支持以下内存复用技术:

(1) 内存气泡。系统主动回收虚拟机暂时不用的物理内存,分配给需要复用内存的虚拟机。内存的回收和分配都是动态的,虚拟机上的应用无感知。但整个物理服务器上的所有虚拟机使用的分配内存总量不能超过该服务器的物理内存总量。

(2) 内存交换。将外部存储虚拟成内存给虚拟机使用,虚拟机长时间未访问的内存内容被置换到存储中,并建立映射,当虚拟机再次访问该内存内容时再置换回来。

(3) 内存共享。多台虚拟机共享数据内容相同的物理内存空间,此时虚拟机仅对此内存做只读操作。当虚拟机需要对内存进行写操作时,开辟另一内存空间,并修改映射。

4) GPU 直通

FusionCompute 支持将物理服务器上的 GPU(Graphic Processing Unit)直接关联给特定的虚拟机,来提升虚拟机的图形视频处理能力,以满足客户对于图形视频等高性能图形处理能力的需求。

5) iNIC 网卡直通

FusionCompute 支持将物理服务器上的 iNIC 网卡虚拟化后关联给多个虚拟机,以满足用户对网络带宽的高要求。关联了 iNIC 网卡的虚拟机仅支持在同一集群内使用 iNIC 网卡的主机上手动迁移。

6) USB 设备直通

FusionCompute 支持将物理服务器上的 USB 设备直接关联给特定的虚拟机,以满足用户在虚拟化场景下对 USB 设备的使用需求。

### 2. CNA 功能简介

华为云计算通过对物理服务器安装 FusionCompute 操作系统软件完成对服务器的虚拟化,即部署 CNA 计算节点(又称 CNA 主机)。CNA 主机主要提供以下功能:

- 提供虚拟计算功能;
- 管理计算节点上的虚拟机;
- 管理计算节点上的计算、存储和网络资源。

### 3. CNA 主机部署要求

FusionCompute 的安装对物理服务器配置有一定的要求,见表 2-2。

表 2-2 主机配置要求

| 项 目 | 要 求 |
| --- | --- |
| CPU | Intel 或 AMD 的 64 位 CPU;<br>CPU 支持硬件虚拟化技术,如 Intel 的 VT-x 或 AMD 的 AMD-V,并已在 BIOS 中开启 CPU 虚拟化功能 |
| 内存 | >8 GB;<br>如果主机用于部署管理节点虚拟机,需至少满足管理节点虚拟机内存规格 +3 GB;<br>推荐内存配置 ≥48 GB |

项目 2　虚拟化平台搭建

续上表

| 项　目 | 要　求 |
|---|---|
| 硬盘/U 盘 | 使用硬盘时，硬盘≥16 GB；如果 VRM 虚拟机使用本地存储创建磁盘，则硬盘空间≥96 GB；使用 U 盘时，U 盘≥4 GB |
| 网口 | NIC 网口数量≥1；网卡数量为 6 个，网卡速率要求千兆以上 |
| RAID | 使用 1、2 号硬盘组成 RAID 1，用于安装主机操作系统，以提高可靠性和供内存复用使用 |

说明

如果所用服务器不是新购入的全新服务器，在配置 BIOS 前，恢复 BIOS 默认设置。

任务实施

1. 配置 RAID 控制卡

要在服务器（又称主机）上安装 FusionCompute 云操作系统，服务器必须进行前期的基本配置，如主机的 RAID 控制卡配置。下面先配置 RAID 控制卡。

（1）配置界面。服务器启动过程中，当出现图 2-3 所示界面，提示"Press <Ctrl><R> to Run MegaRAID Configuration Utility"信息时，按【Ctrl+R】组合键，进入"SAS3108 MegaRAID Configuration Utility"界面。

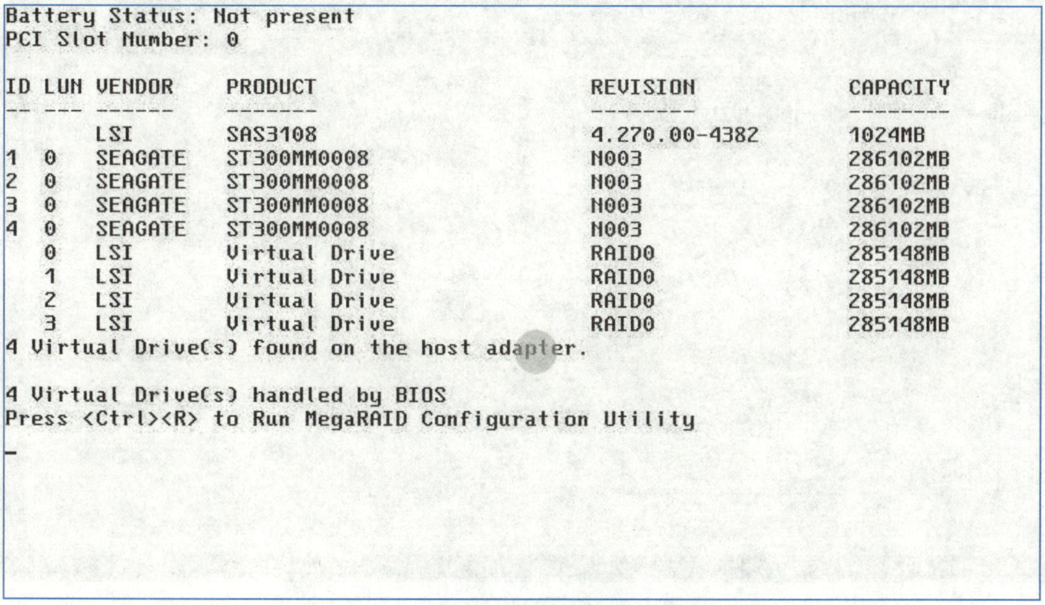

```
Battery Status: Not present
PCI Slot Number: 0

ID LUN VENDOR   PRODUCT         REVISION         CAPACITY
-- --- ------   -------         --------         --------
    LSI         SAS3108         4.270.00-4382    1024MB
1  0  SEAGATE   ST300MM0008     N003             286102MB
2  0  SEAGATE   ST300MM0008     N003             286102MB
3  0  SEAGATE   ST300MM0008     N003             286102MB
4  0  SEAGATE   ST300MM0008     N003             286102MB
    0  LSI      Virtual Drive   RAID0            285148MB
    1  LSI      Virtual Drive   RAID0            285148MB
    2  LSI      Virtual Drive   RAID0            285148MB
    3  LSI      Virtual Drive   RAID0            285148MB
4 Virtual Drive(s) found on the host adapter.

4 Virtual Drive(s) handled by BIOS
Press <Ctrl><R> to Run MegaRAID Configuration Utility
_
```

图 2-3　提示信息界面

(2) 创建新的 RAID。按【F2】键,在弹出的列表中选择"Create Virtual Drive"选项,按【Enter】键。根据规划创建相应的 RAID 组。这里以 RAID 0 为例创建磁盘,如图 2-4 所示。

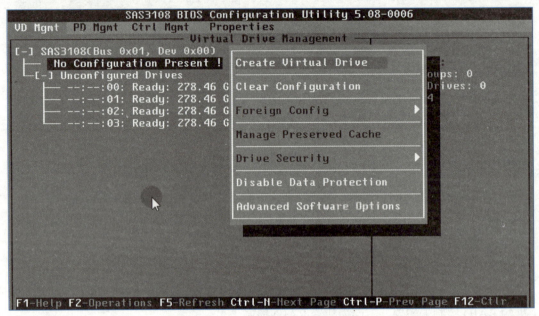

图 2-4　创建新的 RAID 磁盘阵列

(3) 通过【↑】、【↓】键选择 RAID 的种类。选择 RAID 0,按【Enter】键确认选择,如图 2-5 所示。

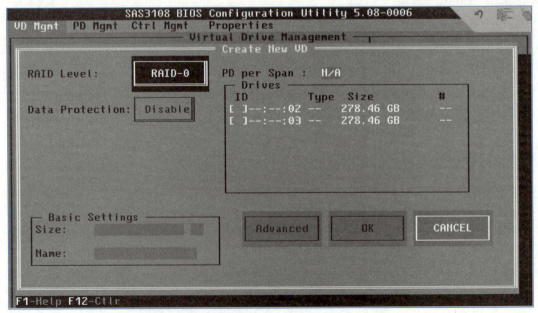

图 2-5　选择 RAID 0 磁盘阵列

（4）按【↑】、【↓】键将光标移动到右边的磁盘中，按【空格】键选择相应的磁盘并且确定。由于是教学实践，这里仅选择一块磁盘，如图2-6所示。实际应用时，根据需要进行多个磁盘的选择。

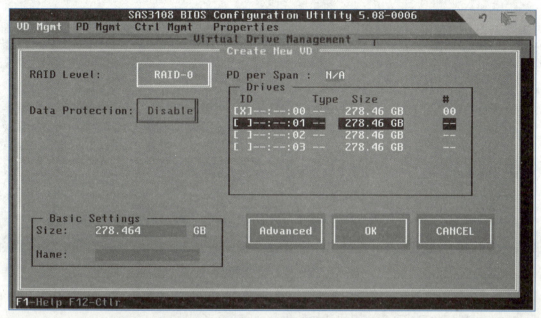

图2-6 选择磁盘

（5）单击"OK"按钮，如图2-7和图2-8所示。

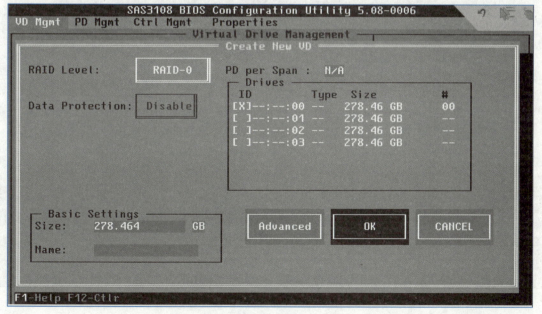

图2-7 确认

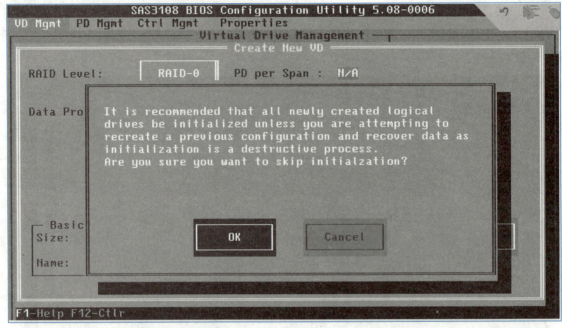

图 2-8 再次确认

(6) 将光标移动到创建好的磁盘上,按【F2】键,在弹出的列表中选择"Initialization"→"Fast Init"选项将设置好的 RAID 磁盘组快速初始化,如图 2-9 所示。

图 2-9 选择快速初始化

(7) 单击"Yes"按钮并按【Enter】键开始初始化,如图 2-10 所示。

项目 2　虚拟化平台搭建

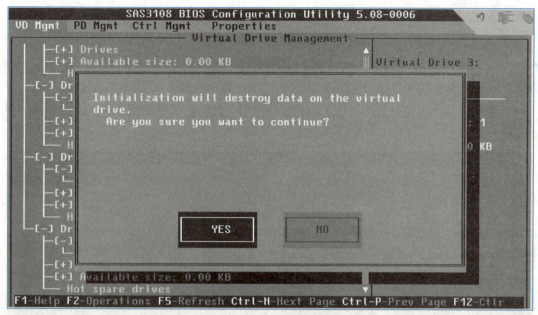

图 2-10　确认初始化

(8) 按【Esc】键,退出初始化进度界面。

(9) 按【Esc】键,退出虚拟磁盘选择界面,返回配置管理主界面。

至此,RAID 0 磁盘设置完成,留待后面应用。

2. 安装 CNA

使用物理光驱安装 CNA 的操作步骤如下:

(1) 制作好安装光盘。

(2) 将光驱连接到服务器。

(3) 开机启动,设置 BIOS 从光盘启动。

(4) 按主屏幕提示设置 RAID。如果是生产环境,系统盘设置为 RAID 1,以提高可靠性。本例设置为 RAID 0,只用于教学实践环境。

(5) 进入启动方式选择界面,选择从光盘启动,进入加载系统界面。

(6) 在 30 s 内选择"Install"选项,如图 2-11 所示,按【Enter】键,系统开始自动加载。加载约需时 3 min,加载成功后,进入配置主机界面。

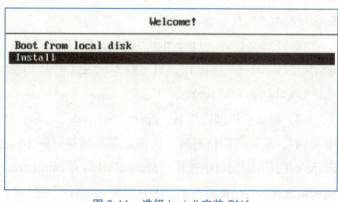

图 2-11　选择 Install 安装 CNA

### 3. 配置主机

在配置主机过程中，需要配置磁盘信息（Hard Drive）、网络信息（Network）、主机名（Hostname）、时区信息（Timezone）、密码（Password）以及 Domain 0（Dom0 setting）规格。该界面上展示了安装 CNA 时需要填写或设置的选项，其中带有"*"的为必选项。

(1) 安装过程中可通过【PageUp】、【PageDown】、【Tab】等键完成选择。图 2-12 所示为系统安装配置界面。

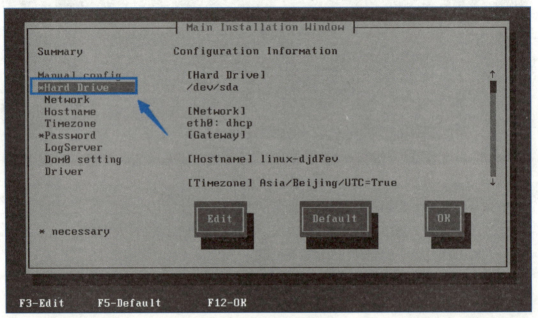

图 2-12　系统安装配置界面

(2) 配置磁盘信息，磁盘（Hard Disk）使用默认值，即将操作系统安装在识别到的第一块磁盘，该磁盘一般为 RAID 1 的磁盘（本次教学实践的磁盘组为 RAID 0）。其中 Local-Disk 表示为本地磁盘或 U 盘，FCSAN-Lun 表示远端 SAN 存储磁盘。如果服务器系统存在内置 U 盘，则第一块磁盘一般为该内置 U 盘。

在"Expand ratio of partition"中选择主机操作系统的分区大小。"1"表示使用默认分区，"10"表示将默认分区扩大 10 倍，只支持本地磁盘扩大 10 倍，不支持 SAN 和 U 盘。图 2-13 所示为选择 Local-Disk 和默认分区"1"。

(3) 配置主机网络信息，选择"Network"选项，再选择管理网卡（以"eth0"作为管理网卡为例）。配置网络信息时，仅需配置一块管理网卡，选择"Network"→"Edit"，如图 2-14 所示，在打开的窗口中选择"Manual address configuration"选项，如图 2-15 所示，按【空格】键锁定选择的网络配置方式，并且对参数进行相关配置，如图 2-16 所示。

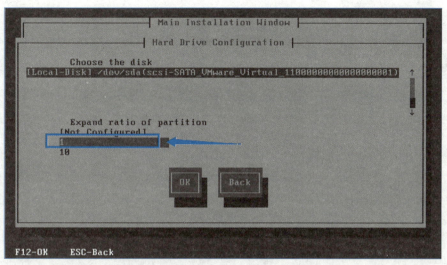

图 2-13 选择 Local-Disk 和默认分区 "1"

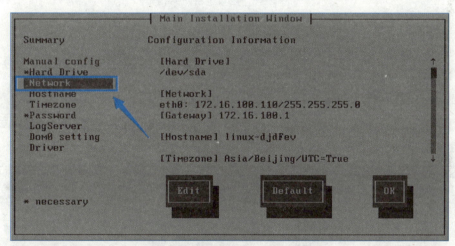

图 2-14 选择 "Network" → "Edit"

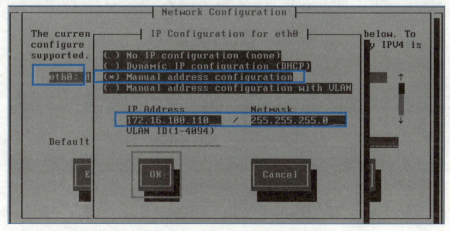

图 2-15 选择 "Manual address configaration" 选项

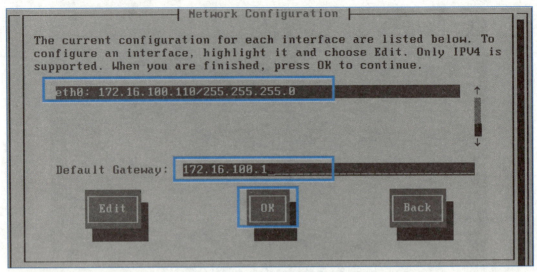

图 2-16 配置主机网关

网络配置方式：Manuel address configuration。

CNA IP Address：172.16.100.110。

CNA Netmask：255.255.255.0。

Default Gateway: 172.16.100.1。

（4）配置主机名，选择"Hostname"→"Edit"，输入新的主机名（如 CNA-01），单击"OK"按钮，如图 2-17 所示。

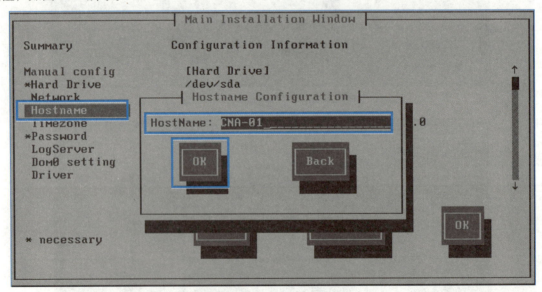

图 2-17 设置主机名

（5）配置时区信息，选择"Timezone"，进入时区选择界面，配置时区为"Asia/Beijing"，如图 2-18 所示。

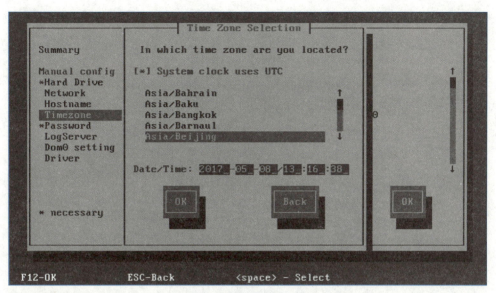

图 2-18　配置时区信息

（6）配置主机 root 用户的密码，选择"Password"，输入并确认 root 用户的密码，如图 2-19 所示。

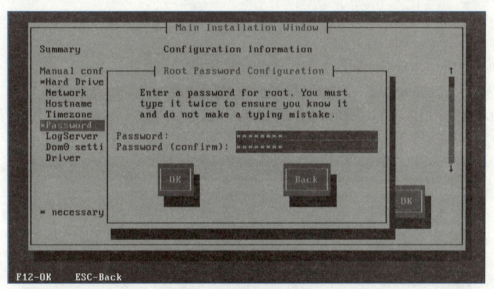

图 2-19　配置 root 用户密码

Password：Huawei@123，但在实际运行环境中，请勿采用此类密码。密码应符合以下要求：
①密码长度不小于 8 位。
②密码必须至少包含一个特殊字符，包括 `~!@#$%^&*（）-_=+\|[{}];:'"，<.-/? 和空格。
③密码必须至少包含如下两种字符的组合：小写字母、大写字母、数字。
（7）选择"LogServer"，进入日志服务器配置界面，如图 2-20 所示。

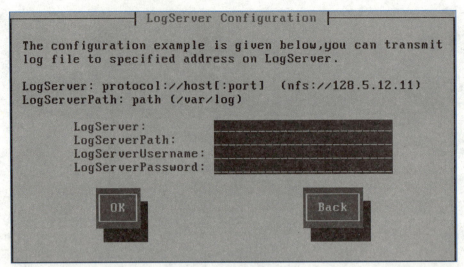

图 2-20　配置日志服务器

（8）配置 Domain 0 参数。Domain 0 是主机上的管理系统，用来管理主机的物理资源和主机上的虚拟化资源和虚拟机，因此其规格（CPU、内存、icache 内存）一般是固定的。默认 CPU 为 8 核，Domain 0 内存为 8 GB，icache 为 4 GB。

① max_vcpus：Domain 0 最大 CPU 数量。

② mem：Domain 0 内存大小。

③ mem_for_icache：icache 功能可使用的内存大小。

（9）以上操作完成之后，使用默认磁盘分区安装操作系统，如图 2-21 所示，单击"OK"按钮，弹出对话框提示用户是否使用默认磁盘分区进行安装。单击"Yes"按钮，开始安装主机操作系统。

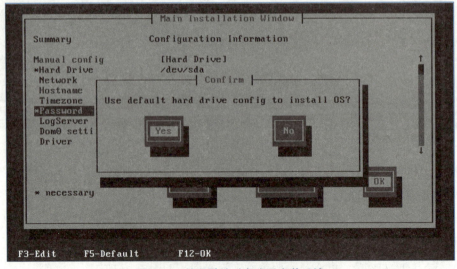

图 2-21　使用默认磁盘分区安装系统

项目 2　虚拟化平台搭建

（10）等待安装完成的过程处于 95% 时，界面会停留较长时间，此时系统文件已经完全导入，系统正在准备重启并且从安装的操作系统开始引导，如图 2-22 所示。整个安装过程耗时 10~20 min。

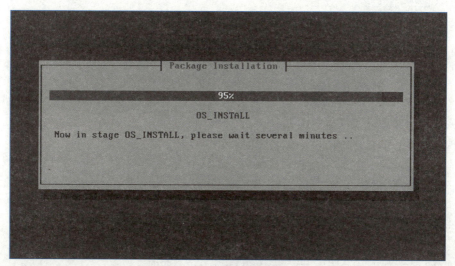

图 2-22　等待安装完成

（11）为保证系统安全，安装完成后不支持直接使用"root"用户通过 ssh 协议登录主机。可使用"gandalf"用户通过 ssh 协议登录主机。如果执行的操作需要使用"root"权限，可切换到"root"用户。"gandalf"用户的默认密码为"Huawei@CLOUD8"。成功登录 CNA 系统，后台登录 CNA 节点界面如图 2-23 所示。执行命令"TMOUT=0"防止系统超时退出（此命令仅在教学实践环境中使用）。

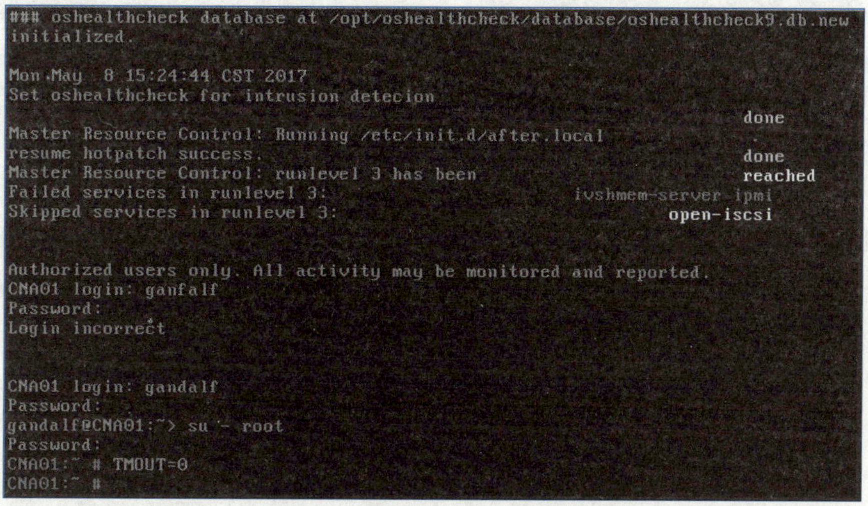

图 2-23　后台登录 CNA 节点

（12）安装其他主机。其他主机采用相同的方法安装和类似配置，IP 配置参见表 1-3。

## 任务 2-2　VRM 安装

VRM安装

- 使用 ISO 镜像方式在物理服务器上安装 VRM；
- 通过统一安装工具在虚拟机上安装 VRM。

- 学会在物理服务器上部署 VRM；
- 掌握通过安装工具在虚拟机上部署 VRM。

#### 事项需求

- 已在服务器上安装 CNA；
- 已获取 VRM 安装包，软件为 FusionCompute_V100R006C00_VRM.zip；
- 本地 PC 已安装 Java，版本号为 jre-8u92-windows-i586；
- FusionSphere 安装向导工具包，FusionSphere Tool V100R006C00_FusionSphere Installer.zip（利用该工具安装 VRM）；
- 本地 PC 与服务器之间网络可互通；
- 运行安装向导的 PC 需关闭防火墙。

#### 知识学习

#### 1. VRM 简介

VRM（Virtualization Resource Management，虚拟化资源管理）用于管理集群内资源的动态调整，通过对虚拟资源、用户数据的统一管理，对外提供弹性计算、存储、IP 等服务，VRM 对计算节点进行管理，如图 2-24 所示。通过提供统一的操作维护管理接口，操作维护人员通过 WebUI 远程访问 FusionCompute，对整个系统进行操作维护，包含资源管理、资源监控、资源报表等。

#### 2. VRM 部署

VRM 可部署在虚拟机或物理服务器上。

① 在虚拟机上部署 VRM，可使用 FusionCompute 安装向导完成部署。本节教学实践推荐将 VRM 部署在虚拟机上，这样可以减少物理服务器。

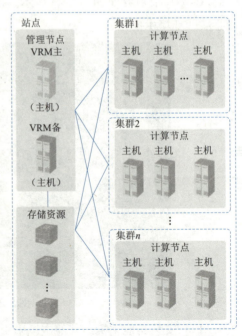

图 2-24　FusionCompute 逻辑节点

②在物理服务器上安装 VRM，需要手动挂载 VRM 的 ISO 安装镜像文件并手动完成安装和配置，过程类似于通过挂载 ISO 镜像方式安装 CNA 主机。

当 VRM 节点主备部署时，还需要完成 VRM 节点主备的配置。本节教学实践采用单节点部署。

### 3. VRM 服务器的 RAID 配置要求

不同系统规模下，VRM 服务器的 RAID 配置要求不同，基于 V100R006C00 版本下的 VRM 服务器的 RAID 配置与主机和虚拟机的对应关系见表 2-3。

表 2-3　VRM 服务器的 RAID 配置与主机和虚拟机的对应关系

| VRM 服务器的 RAID | 主机数 | 虚拟机数 |
| --- | --- | --- |
| RAID 1 | 20 | 200 |
| 4 个数据盘 +1 个热备盘组成的 RAID 5 | 50 | 1 000 |
| 9 个数据盘 +1 个热备盘组成的 RAID 5 | 100～256 | 3 000～5 000 |
| 10 个硬盘组成的 RAID 10 | 1 000～1 280 | 10 000～30 000 |

上述要求中所使用的硬盘要求为 15 000 r/min 的 SAS 盘。

**注意**

①如果物理服务器的 RAID 配置后，组成的磁盘容量超过了 2 TB，此时 VRM 可以正常安装，但只能识别到 2 TB 的磁盘空间。

②必须设置待安装物理服务器的第一启动方式为硬盘启动。

### 4. 准备数据

在安装 VRM 之前，需准备的数据见表 2-4。

表 2-4　准备的数据

| 类　型 | 参　数 | 说　明 | 样　例 |
| --- | --- | --- | --- |
| 软件 | VRM | FusionCompute V100R006C00U1_VRM.iso | 镜像 |
| | 安装工具 | FusionCompute V100R006C10SPC101_Installer.zip | 安装工具包 |
| VRM 节点信息 | VRM 节点名称 | 只能包含数字、字母、中划线 (-)、下划线 (_)，必须以字母开头，长度不大于 32 个字符 | VRM01 |
| | 管理平面 IP 地址 | VRM 节点物理部署时，为 VRM 管理网口的 IP 地址。用户使用私有网段 IP 地址，如果使用公网 IP 地址，可能存在网络安全风险。如果 VRM 节点采用主备部署，要求两个 VRM 节点必须使用同一个序号的网口作为管理网口。两个 VRM 节点均使用 eth0 或 bond0 作为 VRM 节点的管理网口 | 172.16.100.111 |
| | 管理平面子网掩码 | VRM 节点管理平面的子网掩码 | 255.255.255.0 |
| | 管理平面网关 | VRM 节点所在的管理平面网关 | 172.16.100.1 |
| | 管理平面 VLAN | 可指定管理平面的 VLAN。如不指定，则 VLAN 为 0 | 100 |

## 任务实施

本次教学实践以单节点为例实施 VRM 的安装。

两种安装方法：ISO 镜像方式安装 VRM 和使用工具安装 VRM。

### 1. ISO 镜像方式安装 VRM

在物理服务器上安装 VRM，使用 iBMC 智能管理系统，通过 ISO 镜像方式完成安装。

（1）在本地 PC 上打开浏览器，在浏览器地址栏中输入 iBMC 地址，按【Enter】键进入登录界面，如图 2-25 所示。

图 2-25　iBMC 智能管理系统登录界面

（2）根据界面提示登录主机 iBMC 系统。登录账号默认用户名"root"，默认密码为"Huawei12#$"。

（3）单击"远程控制"选项，打开"远程控制"窗口，如图 2-26 所示。

图 2-26　远程控制窗口

（4）挂载镜像，选择镜像文件"FusionCompute V100R006C00U1_VRM.iso"，如图 2-27 所示。按图示进行操作。

项目 2　虚拟化平台搭建

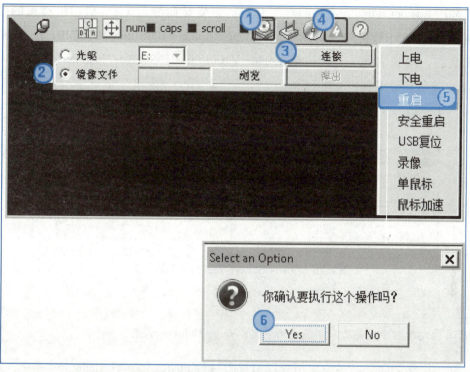

图 2-27　挂载镜像

（5）选择从虚拟光盘启动，如图 2-28 所示，主机开始重启时，重复按【F11】键，直到进入启动方式选择界面。

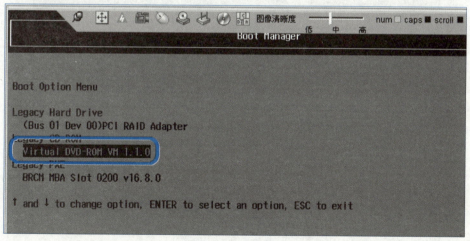

图 2-28　从光盘启动

（6）在 30 s 内选择 "Install" 选项，按【Enter】键，开始安装 VRM。

2. 使用工具安装 VRM

在虚拟机上安装 VRM，使用 FusionCompute 安装向导完成安装。

（1）解压 FusionCompute 安装向导工具包。将安装向导与 VRM 虚拟机模板的安装向导工具包复制到本地计算机中，并解压"FusionCompute V100R006C10SPC101_Installer.zip"安装向导工具包，得到文件夹"FusionCompute V100R006C10SPC101_Installer"。图 2-29 所示为 FusionSphere 安装向导工具包文件。

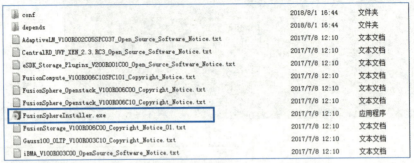

图 2-29　FusionSphere 安装向导工具包文件

 注意

所有目录均为数字或英文，不能使用中文，如 E:\29\huaweisoft。

（2）初始化安装向导，必须使用管理员权限执行 FusionSphereInstaller.exe 程序，稍等片刻后出现图 2-30 所示界面，只需要安装 VRM，勾选"VRM"复选框，单击"下一步"按钮。

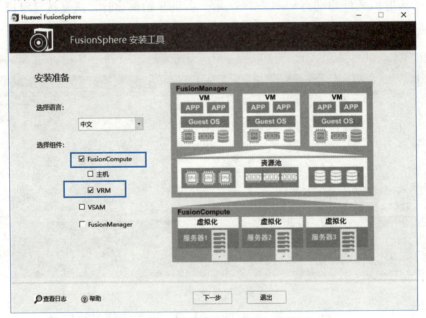

图 2-30　FusionSphere 安装工具界面

（3）安装模式选择，只安装 VRM，选中"自定义安装"单选按钮，单击"下一步"按钮，如图 2-31 所示。

项目 2　虚拟化平台搭建

图 2-31　安装模式选择

（4）安装包路径选择，保证目录下有 VRM 的压缩包（FusionCompute V100R006C10SPC101_Installer.zip）。单击"浏览"按钮，选择安装包所在文件目录后，单击"开始检测"按钮，检测目录下的安装文件是否正确。待安装工具检测完成后，并解压 VRM 安装包成功后，单击"下一步"按钮，如图 2-32 所示。

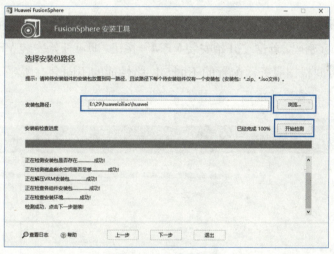

图 2-32　软件包路径

（5）进入"安装 VRM"界面后单击"下一步"按钮。进入到"配置 VRM"界面后，安装模式选择"单节点安装"，并为以后登录 VRM 管理平台配置 IP 地址等信息。这里需要配置网关地址，CNA 处也需要设置。输入完成后单击"下一步"按钮，如图 2-33 所示。

安装模式：单节点安装；

系统规模：200VM，20PM；

VRM 节点管理 IP：172.16.100.111；

子网掩码：255.255.255.0；

子网网关：172.16.100.1。

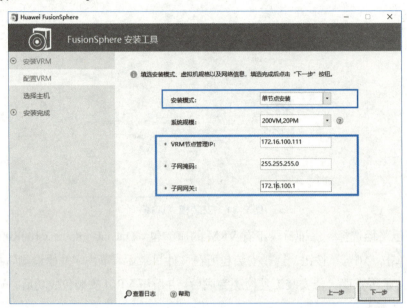

图 2-33　配置 VRM

（6）将 VRM 部署在 CNA 主机上，待 VRM 的校验信息完成后，选择主机所示界面中输入 CNA 的 IP 地址与 root 密码，单击"开始安装 VRM"按钮，即可开始安装 VRM，如图 2-34 所示。整个安装过程所需时间根据服务器配置的不同与网络性能的不同会有所浮动，通常安装时间约 30 min。等待 VRM 系统安装完成后，单击"下一步"按钮。

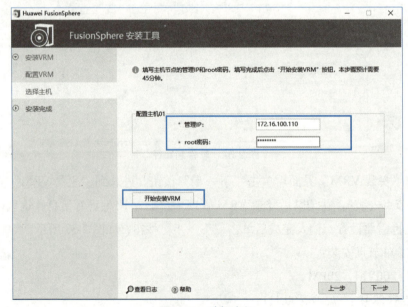

图 2-34　选择主机

项目 2　虚拟化平台搭建

管理 IP：172.16.100.110（任务 2.1 中设置的 CNA01 节点 IP 地址）；

root 密码：Huawei@123（任务 2.1 CNA01 安装时设置的密码）。

（7）使用前期配置的 VRM IP 管理地址和默认的用户名"admin"和密码"Huawei@CLOUD8!"进行访问登录，安装完成界面如图 2-35 所示，访问登录界面如图 2-36 所示。

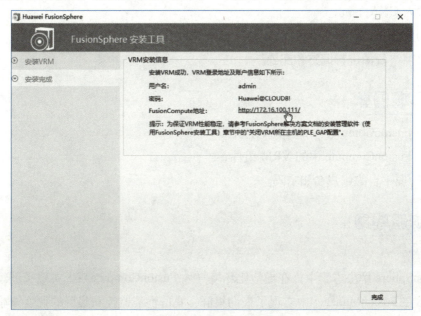

图 2-35　安装完成界面

图 2-36　访问登录界面

## 任务 2-3　接入主机、创建集群、创建 DVS

### 任务描述

- 登录 VRM 管理平台，创建集群、添加主机；
- 在集群中创建分布式虚拟交换机，实现网络虚拟化。

## 任务目标

- 学会在 VRM 管理平台上进行资源管理及系统配置；
- 学会创建集群；
- 学会接入 CNA 主机；
- 学会创建分布式虚拟交换机（DVS），创建端口组；
- 学会对网络资源进行调整和配置。

## 事项需求

- 已安装 FusionCompute 中的 CNA 主机；
- 已安装 FusionCompute 中的 VRM 组件；
- VRM 管理平台的账户名和密码。

## 知识学习

### 1. 集群

在 FusionSphere 解决方案中，在虚拟化环境（如 FusionCompute）上实现了创建集群、删除集群等功能。在 FusionManager 中实现了查询集群、集群性能监控和集群的调度策略等功能。集群是对计算、存储、网络等物理资源的分组，集群之间是相对隔离的。一个虚拟化环境中可以有多个集群。

在 VRM 中通过创建集群和添加主机，并对集群实施相关配置，集群便能提供以下关键特性。

（1）可扩展性。集群的性能不限于单一的主机，新的主机可以动态地加入集群中，从而增强集群的性能。

（2）高可用性。集群通过主机冗余使客户端免于轻易遭遇到"out of service"警告。当某一主机节点发生故障时，该主机上所运行的虚拟机将在另一主机节点上重新启动，从而消除单点故障，增强了数据的可用性和可靠性。

（3）负载均衡。负载均衡将业务请求均匀分发到与之关联的主机上，使得集群内业务主机负载均衡，保证业务的稳定性和可靠性。

集群中的基本配置及功能见表 2-5。

表 2-5 集群基本配置信息

| 基本配置 | 功能 |
| --- | --- |
| HA 配置 | 开启 HA 功能可以为集群内虚拟机预留 HA 时使用的计算资源，以保证在主机、数据存储以及虚拟机故障时，集群内有足够的计算资源启动虚拟机。<br>开启集群 HA，集群内的虚拟机才可以开启 HA 功能 |

项目 2　虚拟化平台搭建

续上表

| 基本配置 | 功　能 |
|---|---|
| 计算资源调度配置 | 开启计算资源调度可以实现集群内计算资源的动态调度，达到计算资源的合理分配 |
| IMC 配置 | IMC 配置可以确保集群内的主机向虚拟机提供相同的 CPU 功能集，即使这些主机的实际 CPU 不同，也不会因 CPU 不兼容而导致迁移虚拟机失败 |
| 集群内主机内存复用 | 设置主机内存复用后，主机上创建的虚拟机内存总数可以超过主机物理内存，提高主机的虚拟机密度。<br>如果集群下存在内存大于 64 GB 的虚拟机，必须将"内存资源预留（MB）"设置为最大值，即与内存规格相同，才能开启主机内存复用 |
| 设置虚拟机启动策略 | • 自动分配：虚拟机启动时，在集群中满足资源条件的节点中随机进行节点的选择。<br>• 负载均衡：未开启内存复用情况下，启动虚拟机时，在集群中满足资源条件的节点中，选择 CPU 可用资源最大的节点。开启内存复用情况下，启动虚拟机时，在集群中满足资源条件的节点中，选择内存可用资源最大的节点 |
| 开启 GuestNUMA 功能 | GuestNUMA 可以将 CNA 节点上的 CPU 和内存拓扑结构呈现给虚拟机，虚拟机用户可根据该拓扑结构利用第三方软件（如 Eclipse 等）对 CPU 和内存进行相应的配置，从而使得虚拟机内部业务在运行时可以优先访问近端内存以减小访问延时，达到提升性能的目的 |

### 说明

①开启主机内存复用后，可通过虚拟机 QoS 设置中的"内存资源预留（MB）"控制虚拟机具体的内存复用程度：

• 在该集群创建的虚拟机内存小于 16 GB 时，可将"内存资源预留（MB）"设置为虚拟机内存规格的 70%，使虚拟机复用主机内存，以提高虚拟机密度。如果监测到内存占用率持续大于 40% 后，应将虚拟机"内存资源预留（MB）"设置为最大值，即与内存规格相同，此时内存不复用。

• 在该集群创建的虚拟机内存大于或等于 16 GB 时，为保证性能，将"内存资源预留（MB）"设置为最大值，即与内存规格相同，此时内存不复用。

• 在该集群创建的虚拟机内存大于 64 GB 时，系统会自动将"内存资源预留（MB）"设置为最大值，即与内存规格相同，此时内存不复用。

②开启主机内存复用后，可用的内存总容量为虚拟化域内存总容量 ×120%，而虚拟化域内存总容量=服务器内存总量－虚拟化管理内存总量。可在"计算池"→"站点名称"→"集群文件夹名称"→"集群名称"→"主机名称"→"概要"→"监控信息"中查看虚拟化域的内存总容量。

③开启主机内存复用后，根据可用的内存总容量在主机上规划虚拟机，如果存在有虚拟机大量使用过内存，即使这些虚拟机内部已经释放了内存，由于虚拟化层无法感知虚拟机对内存的释放，因此会有个别虚拟机无法启动。

开启主机内存复用后，集群下的虚拟机不允许休眠、不允许创建内存快照。

> **说明**
>
> GuestNUMA 功能生效有下列前提条件。
>
> • 虚拟机 CPU 的内核数必须为主机 CPU 个数的整数倍或主机单个 CPU 线程数的整数倍。
>
> • 如果由于虚拟机所在主机的 CPU 规格发生变化（如热迁移或关机后在其他节点上启动），或虚拟机的 CPU 规格被修改后，GuestNUMA 功能可能会失效。
>
> • 不能开启集群内存复用功能或主机 CPU 资源隔离模式。
>
> • 在主机的高级 BIOS 设置中开启 NUMA Support 选项。（以 RH2288H V3 服务器为例，在主机 BIOS 设置中，选择 "Advanced" → "Advanced Processor"，将 NUMA mode 选项设置为 "Enabled"。)
>
> • 设置集群 GuestNUMA 策略后，需将主机上的虚拟机重启。

**2. 网络管理**

FusionCompute 的资源包括主机和集群资源、网络资源和存储资源。网络管理是指管理员在 FusionCompute 系统中创建分布式虚拟交换机（Distributed Virtual Switch，DVS）和端口组等网络资源，并对网络资源进行调整和配置。

1）虚拟机网络访问原理

在华为云计算中，分布式虚拟交换机是连接虚拟机与物理网络的"桥梁"，虚拟机通过分布式虚拟交换机与物理网络互连，如图 2-37 所示。在为虚拟机分配"虚拟网卡"时，每个虚拟网卡都可以连接到分布式虚拟交换机的一个虚拟端口上。从虚拟机虚拟网卡→分布式虚拟交换机→主机物理网卡→物理交换机，虚拟机完成与网络中其他计算机相互通信的过程。

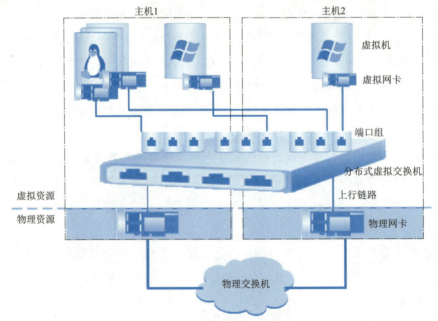

图 2-37 虚拟机网络访问原理

图 2-37 中各网络元素的概念见表 2-6。

表 2-6 各网络元素概念

| 网络元素 | 说明 |
| --- | --- |
| 分布式虚拟交换机 | 分布式虚拟交换机是一个虚拟的交换机,功能类似于二层的物理交换机,通过端口组与虚拟机连接,通过上行链路与物理网络连通 |
| 端口组 | 端口组是虚拟的逻辑端口,类似于网络属性模板,用于连接虚拟机网卡,并定义虚拟机网卡属性,通过分布式虚拟交换机连接到网络的方式有:<br>• 子网方式:FusionCompute 系统根据子网配置的 IP 地址池,为使用该端口组的虚拟机网卡自动分配 IP 地址。<br>• VLAN 方式:使用该端口组的虚拟机不会被分配 IP 地址(需要用户向虚拟机该网卡配置 IP 地址),但虚拟机会连接到端口组定义的 VLAN |
| 上行链路 | 上行链路是分布式虚拟交换机连接主机物理网卡的链路,用于虚拟机数据上行 |

2)分布式虚拟交换机(DVS)

分布式虚拟交换机与物理交换机一样,构建起虚拟机之间的网络,并提供与外部网络互通的能力。分布式虚拟交换机也可理解为分布在各个服务器上的虚拟交换机,该交换机具备二层网络交换机的属性。

分布式虚拟交换机可充当数据中心中所有关联主机的单一交换机,以提供虚拟网络的集中式配置、管理以及监控,如图 2-38 所示。在 FusionCompute 中创建分布式虚拟交换机,该配置将同步至与该交换机关联的所有主机,这使得虚拟机可在跨多个主机进行迁移时确保其网络配置保持一致。

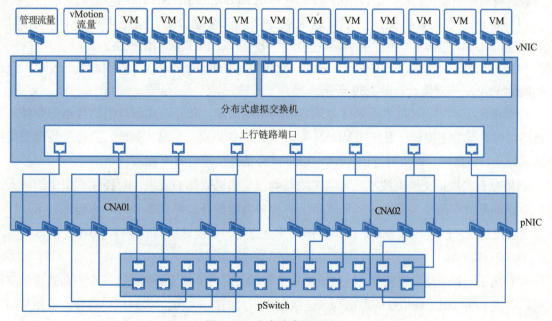

图 2-38 分布式虚拟交换机

分布式虚拟交换机模型的基本特征：

（1）用户可以配置多个分布式虚拟交换机，每个分布式虚拟交换机可以覆盖集群中的多个 CNA 节点。分布式虚拟交换机的模型又如图 2-39 所示。

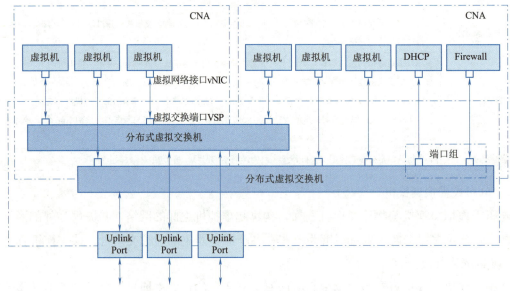

图 2-39　分布式虚拟交换机模型

（2）每个分布式虚拟交换机都具有多个分布式的虚拟端口 VSP（Virtual Switch Port），每个 VSP 都具有各自的属性（速率、统计和 ACL 等），为了管理方便，采用端口组进行管理，同一端口组具有相同的属性，相同端口组的 VLAN（Virtual Local Area Network）相同。

（3）每个分布式虚拟交换机都可以配置一个 Uplink 端口组，用于虚拟机对外的通信，Uplink 端口组可以包含多个物理网卡，这些物理网卡可以配置负载均衡策略。

（4）每个虚拟机都可以具有多个 vNIC（Virtual Network Interface Card）接口，vNIC 可以和交换机的 VSP 一一对接，如图 2-39 所示。

一般情况下，VLAN 技术用来区分端口组的不同流量。在分布式端口组的数据需要经过上行链路组时，会加上提前设置好的 VLAN TAG（802.1Q 协议）信息，如此，在经过物理交换机到达其他上行链路时，即可通过该 VLAN TAG 区分是去往哪里的流量。

利用分布式虚拟交换机技术，可以实现与物理交换机同样的效果，对经过虚拟化的服务器进行数据的高效率传输与管理，实现逻辑上的业务功能整合。并且基于这一虚拟化技术，DVS 可以实现更加统一的管理服务器，保障数据的安全稳定，实现虚拟机的迁移、HA 数据容灾等。

3）端口组

端口组是一种策略设置机制，这些策略用于管理与端口组相连的网络。一个分布式虚拟交换机可以有多个端口组。虚拟机的虚拟网卡连接到分布式虚拟交换机的端口组，这样，即使与同一端口组相连接的虚拟机各自在不同的物理服务器上，这些虚拟机也都属于虚拟环境内的同一网络。

## 项目 2　虚拟化平台搭建

创建端口组是指通过 FusionCompute，在已创建的分布式虚拟交换机中添加端口组，为虚拟机提供网络资源。连接在同一端口组的虚拟机网卡，具有相同的网络属性（如 VLAN/子网、QoS、安全属性等），以提供增强的网络安全、网络分段、更佳的性能、高可用性以及流量管理。

端口组属性是可以修改的。当端口组的"连接方式"为"VLAN"时，可以修改端口组的端口类型、VLAN、发送流量整形、接收流量整形、ARP 广播抑制带宽、IP 广播抑制带宽、DHCP 隔离、IP 和 MAC 绑定等属性；当端口组的"连接方式"为"子网"时，不能修改端口组的"VLAN"。

下面就创建端口组的过程中出现的几个术语进行详细阐述。

(1) 端口的类型。端口的类型分为普通和中继两种：

① 普通：普通类型的虚端口只能属于一个 VLAN，普通虚拟机选择普通类型的端口。

② 中继：端口组配置为中继的方式后，中继类型的虚端口可以允许多个 VLAN 接收和发送报文。例如，在 Linux 虚拟机内创建多个 VLAN 设备，这些 VLAN 设备通过 1 个虚拟网卡即可以收发携带不同 VLAN 标签的网络数据包。

(2) 广播抑制。广播抑制分为 ARP 广播抑制带宽、IP 广播抑制带宽和 DHCP 隔离。

① ARP 广播抑制带宽 (kbit/s)：端口组允许通过的 ARP 广播报文带宽。抑制广播报文带宽，可以限制虚拟机发送大量的 ARP 广播报文，防止 ARP 广播报文攻击。

② IP 广播抑制带宽 (kbit/s)：端口组允许通过的 IP 广播报文带宽。抑制广播报文带宽，可以限制虚拟机发送大量的 IP 广播报文，防止 IP 广播报文攻击。

③ DHCP 隔离：使用该端口组的虚拟机无法启动 DHCP Server 服务，以防止用户无意识或恶意启动 DHCP Server 服务，影响其他虚拟机 IP 地址的正常分配。

(3) 绑定网口。如果主机网卡使用 iNIC 智能网卡，则将主机的上行链路网口绑定，否则会影响端口组的广播抑制功能。单击对应主机所在行的"绑定网口"按钮，进入"绑定网口"页面，如图 2-40 所示，在"网口"列表中勾选待绑定的上行端口。

图 2-40　"绑定网口"页面

> **注意**
>
> 在所有负荷分担模式下,需要在网口连接的交换机上做端口汇聚配置,即将主机待绑定的网口在对端交换机上的端口配置到同一个 Eth-trunk,否则会导致网络通信异常。(本书已在项目 1 中进行过配置)

## 任务实施

### 1. 创建集群

(1) 登录 VRM。使用配置的用户名和密码登录到 VRM 管理系统中,若是新安装的 VRM 管理系统,则使用用户名"admin"和密码"Huawei@CLOUD8!"进行登录,首次登录需要修改密码,登录 VRM 页面如图 2-41 所示。

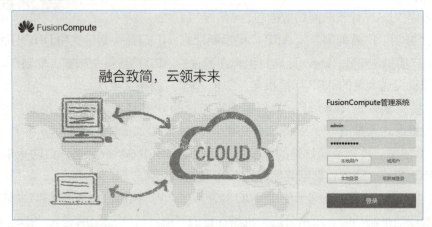

图 2-41　登录 VRM 页面

(2) 创建集群。单击"计算池"选项卡,当前站点中系统自动添加集群"ManagementCluster"。本次任务创建一个空的集群"test",但后面的教学实践须使用自动添加的集群"ManagementCluster"。右击"site"节点,在弹出的快捷菜单中选择"创建集群"命令,如图 2-42 所示。创建集群有两种方法,单击右边窗口中的"创建集群"按钮,也可达到相同的效果。

图 2-42　创建集群

项目 2　虚拟化平台搭建

　　(3)配置集群信息。在打开的窗口中,输入集群的名称,如图 2-43 所示。单击"下一步"按钮,在"基本配置"选项卡中保持默认设置,如图 2-44 所示。单击"下一步"按钮,在"性能配置"选项卡中也保持默认设置,如图 2-45 所示。最终进行信息确认后,单击"创建"按钮即可。

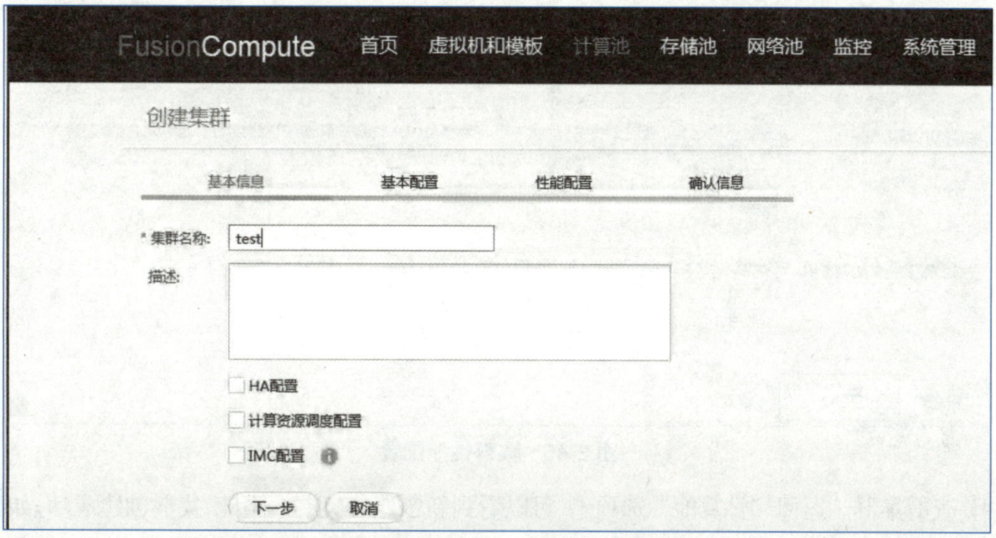

图 2-43　配置集群名称

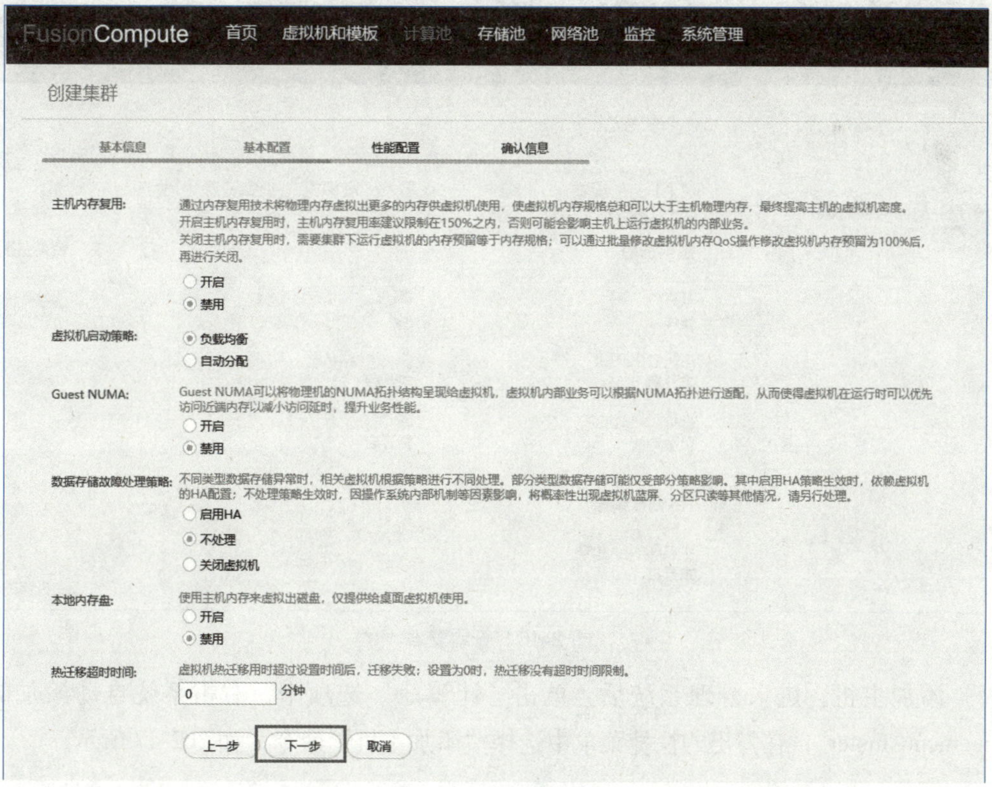

图 2-44　集群基本配置

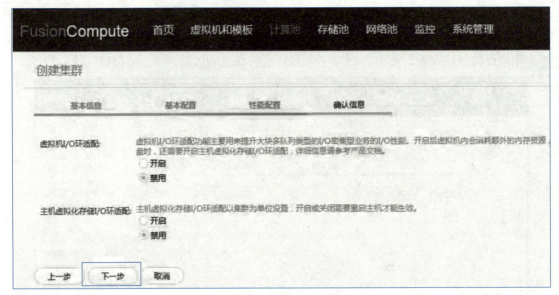

图 2-45　集群性能配置

(4) 查看集群。返回"计算池"选项卡，可以看到新创建的集群。至此，集群创建成功，如图 2-46 所示。

图 2-46　查看集群

(5) 添加主机。进入管理系统后。单击"计算池"选项卡，右击系统自动添加的集群"ManagementCluster"，在弹出的快捷菜单中选择"添加主机"命令，如图 2-47 所示。

项目 2　虚拟化平台搭建

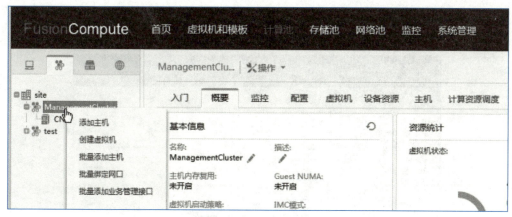

图 2-47　选择集群界面

（6）选择添加位置。在弹出的窗口中选择要将主机加入哪一个集群，这里选择系统自动添加的集群"ManagementCluster"，单击"下一步"按钮，如图 2-48 所示。

图 2-48　选择添加位置

（7）主机配置。进入主机配置页面后，在"名称"文本框中填写将要显示的 CNA 主机名，在"IP 地址"文本框中填写 CNA 的 IP 地址，并且将 BMC 的 IP 地址、用户名和密码填写完整，BMC 信息选填，完成后单击"下一步"按钮。在确认信息无误后，单击"完成"按钮，即可将 CNA 主机添加到集群中，如图 2-49 所示。

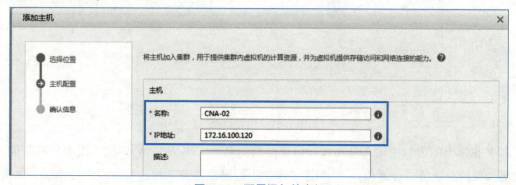

图 2-49　配置添加的主机

(8) 验证配置。添加完成后,单击"计算池"选项卡,在新添加的集群中查看新添加的 CNA 主机,状态为"正常"时,说明主机已经成功加入集群中,如图 2-50 所示。

图 2-50　验证配置

(9) 重复步骤 (4) ~ (8),添加其他主机。

### 2. 创建 DVS 分布式虚拟交换机

该任务是在集群中创建分布式虚拟交换机,实现网络虚拟化,为虚拟机提供网络资源。

(1) 选择"网络池"选项卡,右击站点"site",在弹出的快捷菜单中选择"创建分布式虚拟交换机"命令,如图 2-51 所示。

图 2-51　创建 DVS

(2) 在弹出的窗口中输入分布式虚拟交换机的名称"HCNA-sw",因为没有用到智能网卡,交换类型保持默认值"普通模式",勾选"添加上行链路"复选框。完成以上操作后,单击"下一步"按钮,如图 2-52 所示。

项目 2　虚拟化平台搭建

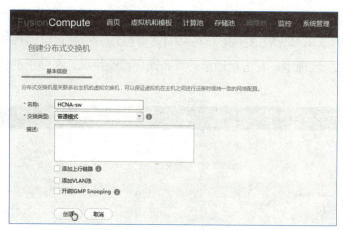

图 2-52　配置基本信息

（3）添加上行链路。选择服务器上与物理网络连接的网卡接口。如果此 DVS 用于虚拟机迁移，则必须同时添加进行迁移的虚拟机所在主机的上行链路，如图 2-53 所示，单击"下一步"按钮。

图 2-53　添加上行链路

（4）完成创建。返回到"网络池"选项卡。可以看到刚才创建的分布式虚拟交换机已经可以投入使用，如图 2-54 所示。

图 2-54　创建成功

（5）添加 VLAN 池。使用分布式虚拟交换机前，先要添加 VLAN 池和端口组，如图 2-55 所示。这里选择添加所有 VLAN，即 VLAN 池为 1~4094。再创建一个端口组，作为管理虚拟机网络的集合。选择"网络池"选项卡，右击新创建的分布式虚拟交换机，在弹出的快捷菜单中选择"创建端口组"命令。

图 2-55　添加 VLAN 池和端口组

（6）创建端口组。在打开的窗口中输入端口组的名称"OS-link"，"端口类型"选择"普通"类型，用于虚拟机的网络连接。完成后单击"下一步"按钮，如图 2-56 所示。

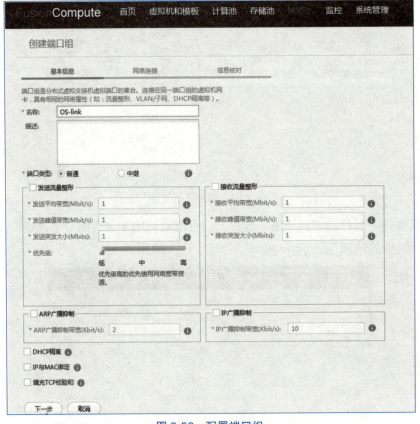

图 2-56　配置端口组

# 项目 2　虚拟化平台搭建

（7）配置 VLAN 信息。此处需要配置虚拟机使用哪种方式连接物理网络。选择连接方式为 "VLAN"，此处创建虚拟机的局域网的 VLAN ID 为 21，配置完成后单击"下一步"按钮，如图 2-57 所示。

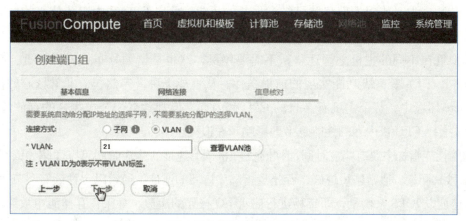

图 2-57　配置 VLAN 信息

（8）创建完成。单击"创建"按钮，完成端口组的创建。然后检查配置是否正确。如果需要，用同样方法创建其他端口组。

## 任务 2-4　接入外置存储

视　频
添加外置存储

### 任务描述

- 通过 FusionCompute 在主机中添加存储接口，实现主机与存储设备对接；
- 在云数据中心中创建 iSISC 存储资源；
- 通过 FusionCompute 将数据存储添加到主机，从而在数据存储上创建虚拟磁盘。

### 任务目标

- 掌握通过 FusionCompute 在主机中添加存储接口；
- 掌握使用 Windows Server 2012 创建 iSCSI 存储资源；
- 掌握添加 iSCSI 数据存储；
- 学会创建磁盘。

### 事项需求

- 提供 Windows Server 2012 共享存储设备一台；
- 存储设备与服务器物理网络互通。

### 1. 存储技术

企业在数据中心使用外部存储已经有很长的历史，将以 CPU 和内存为核心的计算资源与数据存储分离开来，有利于数据的保护和灾难恢复。从功能上讲，使用外部共享存储，能高效地使虚拟机在不同的主机之间迁移，不需要停机，这也是诸如分布式资源调度、高可用性（HA）、容错（FT）等高级功能实现的前提条件。从性能上讲，存储起着非常核心的作用。在 FusionSphere 环境中，每个主机有各自的 CPU 和内存，但却共享一个或少量的存储池。因此，存储的性能会比 CPU 或内存的性能更多地影响到虚拟机。

存储的性能指标主要有响应时间、吞吐量、随机读写速度。响应时间可以理解为读写的延迟，以 ms（毫秒）衡量，通常越短越好。吞吐量指顺序读写的速度，通常以每秒读写字节数来衡量。随机读写速度以 IOPS 来衡量，即每秒进行磁盘 I/O 操作的次数。如果在存储池中放置虚拟机的磁盘，IOPS 会直接影响虚拟机性能，那么 IOPS 在虚拟化环境中是最重要的性能指标。

很多存储技术都以提升上述性能为目的，存储技术相关内容在其他课程中进行学习，本节不再重复。

### 2. 虚拟存储管理

存储虚拟化是将存储设备抽象为数据存储，虚拟机在数据存储中作为一组文件存储在自己的目录中。数据存储是逻辑容器，类似于文件系统，它将各个存储设备的特性隐藏起来，并提供一个统一的模型来存储虚拟机文件。存储虚拟化技术可以更好地管理虚拟基础架构的存储资源，使系统大幅提升存储资源利用率和灵活性，提高应用的正常运行时间。

FusionCompute 系统可以管理 IP SAN、FC SAN、NAS、FusionStorage 上的存储资源，以数据存储为单位分配给集群使用，通过集群为虚拟机提供存储资源。

1）数据存储

数据存储是 FusionCompute 对存储资源上的存储单元进行的统一封装。存储资源封装成数据存储并与主机关联后，就能够进一步创建出若干虚拟磁盘，供虚拟机使用。

从虚拟机操作系统使用的角度观察，在不同存储资源上创建的虚拟磁盘之间不存在差异，使用方式均与物理 PC 的磁盘相同。FusionCompute 能够封装为数据存储的存储单元，如图 2-58 所示，包括：

- SAN 存储（包括 iSCSI 或光纤通道的 SAN 存储）上划分的 LUN；
- NAS 存储上划分的文件系统；
- FusionStorage 上的存储池；
- 主机的本地硬盘（虚拟化）；
- 本地内存盘。

项目 2　虚拟化平台搭建

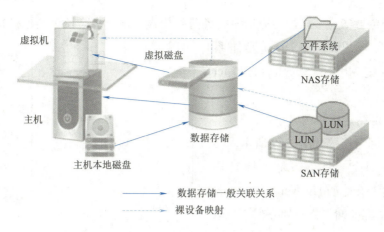

图 2-58　数据存储关联模型

对于 SAN 存储上划分的 LUN（Logical Unit Number），也可以作为数据存储直接供虚拟机使用，而不再创建虚拟磁盘，此过程称为裸设备映射。目前仅支持部分操作系统的虚拟机使用，用于搭建数据库服务器等对磁盘空间要求较大的场景。如果使用裸设备部署应用集群服务（如 Oracle RAC 等），则不要使用虚拟机的快照、快照恢复功能，快照恢复后，会导致应用集群服务异常。

下面简单介绍数据存储中的几个专用术语。

（1）存储接口。存储接口是指主机与存储设备连接所用的端口。可以将主机上的一个物理网卡，或者多个物理网卡的绑定设置为存储接口。

使用 iSCSI 存储时，一般使用主机上两个物理网卡与存储设备多个存储网卡相连，组成存储多路径，此时不需要绑定存储平面的物理网卡。

使用 NAS 存储时，为保证可靠性，将主机的存储平面网卡以主备模式进行绑定，设置为存储接口与 NAS 设备连接。

（2）使用 iSCSI 存储。iSCSI 使用 TCP/IP 协议，以普通网线建立主机与存储设备的连接。为使主机能够正常访问 iSCSI 存储设备，需要通过主机与存储设备连接后，生成的 WWN 值配置 iSCSI 启动器。

（3）使用光纤通道存储。存储设备通过光纤与主机的 FC HBA 卡连接，提供高速的数据传输。为使主机能够正常访问使用光纤通道的存储设备，需要通过主机 FC HBA 卡与存储设备连接后，生成的 WWN 值配置 FC 启动器。

（4）存储多路径。存储多路径是指存储设备通过多条链路与主机一个或多个网卡连接，通过存储设备的控制器控制数据流的路径，实现数据流的负荷分担，保证存储设备与主机连接的可靠性。

一般情况下，iSCSI 存储和光纤通道存储（如 IP SAN 存储设备、FC SAN 存储设备、OceanStore 18000 系列存储）均支持存储多路径。

存储多路径包含华为多路径与通用多路径两种模式,通用多路径下虚拟机采用裸设备映射的磁盘时,不支持 Windows Server 操作系统的虚拟机搭建 MSCS(Microsoft Cluster Service)集群。

存储多路径网络连接举例:

存储多路径网络连接如图 2-59 所示,存储设备有 A、B 两个控制器,每个控制器控制 4 个存储网卡(如 Huawei OceanStore S5500T)。这 4 个存储网卡分别划分到 4 个不同的 VLAN,共同构成存储平面。在主机上,每台主机使用两块网卡连接存储平面,其中每块网卡负责与两个 VLAN 的存储网卡进行通信。这样就需要为每块网卡配置两个存储接口。

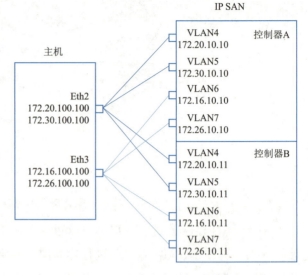

图 2-59 存储多路径网络连接举例

2)文件系统

FusionSphere 为存储虚拟机而优化的高性能文件系统。FusionSphere 系统的数据存储可支持如下文件系统格式。

(1)虚拟镜像管理系统(Virtual Image Management System,VIMS)是一种高性能的集群文件系统,使用时先将数据存储格式化成 VIMS 格式,然后挂载到 CNA 上进行使用。VIMS 文件系统使虚拟化技术的应用超出了单个存储系统的限制,其设计、构建和优化针对虚拟服务器环境,可让多个虚拟机共同访问一个整合的集群式存储池,从而显著提高了资源利用率。VIMS 是跨越多个存储服务器实现虚拟化的基础,它可启用热迁移、动态资源调度(Dynamic Resource Scheduler,DRS)和高可用性(High Availability,HA)等各种服务。

主机可以将 VIMS 数据存储部署在任何基于 SCSI 的本地或联网存储设备上,包括光纤通道、以太网光纤通道和 iSCSI SAN 设备。VIMS 集群的使用场景如图 2-60 所示。

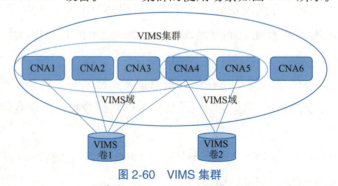

图 2-60 VIMS 集群

在图 2-60 中 CNA1～CNA4 属于一个 VIMS 域，共享 VIMS 卷 1。CNA4、CNA5 属于另一个 VIMS 域，共享 VIMS 卷 2。在一个 VIMS 域中每个 CNA 都可以看到完整的 VIMS 空间，VIMS 可提供分布式锁定管理功能来平衡访问，允许每个虚拟机和 CNA 服务器共享集群式存储池。

每个 CNA 服务器都将它的虚拟机文件存储在 VIMS 文件系统内的特定子目录中。当一个虚拟机运行时，VIMS 会将该虚拟机使用的虚拟机文件锁定，这样其他 CNA 便无法更新它们。VIMS 确保一个虚拟机磁盘可以只读共享，写独占。

（2）网络文件系统（NFS）。NAS 设备上的文件系统。FusionSphere 支持 NFS v3 协议，可以访问位于 NFS 服务器上指定的 NFS 磁盘，挂载该磁盘并满足任何存储需求。

（3）EXT4。FusionSphere 支持服务器的本地磁盘虚拟化。

3）虚拟存储精简配置

虚拟存储精简配置是一种通过灵活的按需分配存储空间来优化存储利用率的方法。精简配置可以为用户虚拟出比实际物理存储更大的虚拟存储空间，只有写入数据的虚拟存储空间才会为其真正分配物理存储，未写入的虚拟存储空间不占用物理存储资源，从而提高存储利用率。

FusionSphere 系统虚拟存储精简配置基于磁盘提供，管理员可以按"精简"格式分配虚拟磁盘文件。虚拟存储精简配置的磁盘具有以下特性。

（1）存储无关。虚拟存储精简配置与操作系统、硬件完全无关，因此只要使用虚拟镜像管理系统（VIMS），就能提供虚拟存储精简配置功能。

（2）容量监控。提供数据存储容量预警，可以设置阈值，当存储容量超过阈值时产生告警。

（3）空间回收。提供虚拟磁盘空间监控和回收功能。当分配给用户的存储空间较大而实际使用较小时，可以通过磁盘空间回收功能回收已经分配但实际未使用的空间。支持 NTFS 格式的虚拟机磁盘回收。

## 任务实施

### 1. 添加存储接口

该任务是通过 FusionCompute 在主机中添加存储接口，实现主机与存储设备对接。添加多个存储接口，可以实现存储的多路径传输。FC SAN 存储、本地硬盘和本地内存盘不需要添加存储接口，只有 IP SAN 才需要添加存储接口，每个主机最多可添加四个存储接口。

（1）在 FusionCompute 中，选择"计算池"选项卡。进入"计算池"页面。在左侧导航树中，选择"站点名称"→"集群文件夹名称"→"集群名称"→"主机名称"选项。

（2）选择"配置"→"系统接口"→"添加存储接口"选项，进入"添加存储接口"页面，如图 2-61 所示。

图 2-61 添加存储接口

(3)选择该主机连接存储平面的网卡所对应的网口,单击"下一步"按钮。网口名称"PORT$X$"对应主机的物理网口"eth$X$"。本次教学实践的服务器只连接两块网卡,故 PORT0 用于传输管理和企业网络流量,PORT1 用于传输存储流量。

(4)"连接设置"页面,网络规划,配置参数如图 2-62 所示(如果连接存储的端口配置为 VLAN 中继 Trunk,又配置了本征 VLAN(native VLAN)为存储 VLAN,则此处的 VLAN 应配置为 0,不打标签),单击"下一步"按钮。

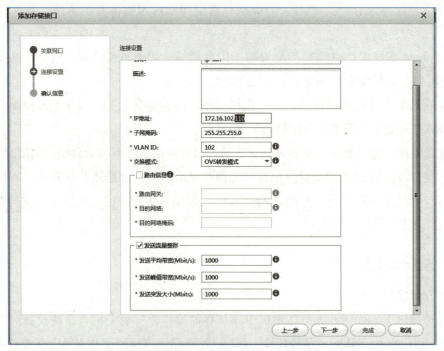

图 2-62 存储接口参数配置

(5)进入"确认信息"页面,确认信息无误后,单击"完成"按钮。

2. 添加存储资源

FusionCompute 可使用的存储资源来自主机本地磁盘或专用的存储设备。专用的存储设备与主机之间通过高速的以太网或专用的存储光纤网络进行连接。在云计算数据中心中,通常使用

项目 2　虚拟化平台搭建

专用的存储设备，多台主机可以连接到同一台存储设备，即使虚拟机在不同主机之间迁移，迁移的只是计算资源，虚拟机的数据存储并没有改变，这样就实现了计算和数据的分离，提高了可靠性。

专用的存储设备可以自带系统，也可以使用其他系统进行配置。目前常用 Windows 创建 iSCSI 存储。Windows Server 2012 R2 具备众多新的功能，"iSCSI 服务"便是其中之一。本次任务是在一台存储设备中部署 iSCSI 服务。该存储设备配置有一个固态硬盘和 4 个数据盘，固态硬盘用于安装操作系统，4 个数据盘用于提供存储空间，并配置有两个千兆网卡。

1）在 Windows Server 2012 R2 上启用网卡组合

在云计算平台中，一个 iSCSI 存储通常会被多个主机并发访问，每个主机可能有多个虚拟机正在读写自己的磁盘，而这些磁盘又都位于该 iSCSI 存储上。因此，除了要求存储设备要有足够的 IOPS，还要有足够的网络带宽用于数据传输。由于使用的是千兆网络，所以有必要使用网卡成组功能，以增加带宽，操作步骤如下。

（1）安装 Windows Server 2012 R2 操作系统。

（2）在"服务器管理器"窗口中单击左侧导航栏中的"本地服务器"选项，然后在右侧窗口中单击"NIC 组合"旁边的"禁用"。此时会弹出名为"NIC 组合"的窗口，窗口右下角的列表中是现有的网络连接，按住【Ctrl】键后同时选择两个网络，然后单击"任务"下拉按钮，在下拉菜单中选择"添加到新组"命令，如图 2-63 所示。

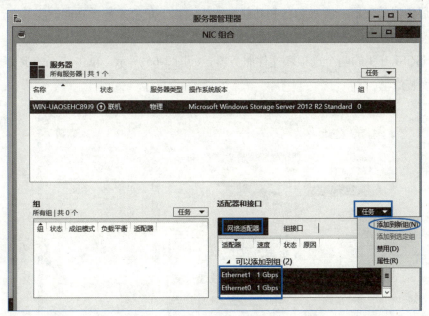

图 2-63　NIC 组合

（3）在窗口中输入组的名称，选择成员适配器，"成组模式"选择"交换机独立"，"负载平衡模式"选择"动态"，如图 2-64 所示。

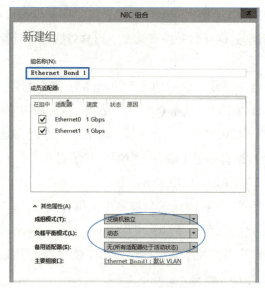

图 2-64　网卡组合的参数设置

（4）打开"网络和共享中心"，可发现添加了一个新的成组连接"Ethernet Bond 1"，在此需要为"Ethernet Bond 1"连接设置 IP 地址、掩码、网关和 DNS。

2）创建 iSCSI 存储

（1）安装 iSCSI 服务。

①打开服务器管理器→添加角色和功能，选择"基于角色或基于功能的安装"，单击"下一步"按钮，选择安装 iSCSI 服务的服务器，默认选择本机。

②选择 iSCSI 开头的两个选项和文件服务器，如图 2-65 所示，单击"下一步"→"下一步"按钮，直至安装成功。

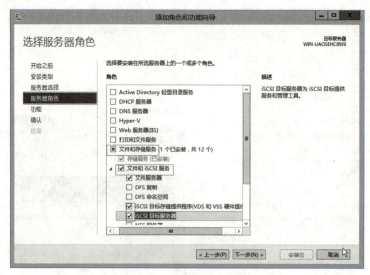

图 2-65　选择 iSCSI 服务

（2）创建存储池。

①在服务器管理器中，选择"存储池"选项卡，单击"任务"→"新建存储池"按钮，单击"下一步"按钮。

②输入存储池名称，选择磁盘组，单击"下一步"按钮，选择物理磁盘，单击"下一步"按钮，单击"创建"按钮，如图 2-66 所示。

图 2-66　创建存储池

（3）创建虚拟磁盘。

①打开服务器管理器，定位至存储池，单击虚拟磁盘区域的"任务"→"新建虚拟磁盘"按钮。单击"下一步"按钮，选择之前创建的存储池，单击"下一步"按钮，如图 2-67 所示。

图 2-67　新建虚拟磁盘

②输入虚拟磁盘名称,单击"下一步"按钮。布局选项:Simple、Mirror、Parity、Raid 5。本次教学实践使用4块磁盘,选择"Simple",单击"下一步"按钮。

③指定设置类型:精简或固定,精简指的是动态卷。这里选择"固定",单击"下一步"按钮,指定磁盘大小或最大容量,单击"创建"按钮,创建完成。

④新建逻辑卷,输入卷名,单击"下一步"→"下一步"按钮。

⑤分配驱动器号"E",选择文件系统"NTFS",确认信息,单击"创建"按钮。

(4)创建 iSCSI 虚拟磁盘。

①打开服务器管理器,选择"文件和存储服务"→"iSCSI"→"任务"→"新建 iSCSI 虚拟磁盘"选项。

②选择服务器(默认本机),使用"按卷选择",并在下方的驱动器列表中选择刚才新创建的卷"E",选中"键入自定义路径"单选按钮,并找到卷的存放目录,如图 2-68 所示。

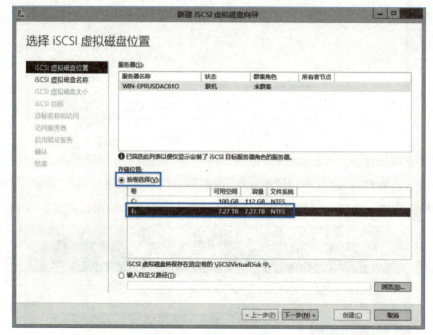

图 2-68　创建 iSCSI 磁盘

③指定 iSCSI 虚拟磁盘名称。

④设置磁盘大小及类型。如果要分配所有空间,就输入和总量相等的数字,单位可以是 GB 和 MB。分配方式可以选择"固定大小""动态扩展""差异",这里选择"固定大小"以获得较好的性能。

⑤新建 iSCSI 目标,填写目标名称。

⑥添加访问服务器,单击"添加"按钮,访问服务器,使用 IP 的方式设置访问服务器,可以设置多个访问服务器,如图 2-69 所示,即 CNA01、CNA02、CNA03 等。

项目 2　虚拟化平台搭建

图 2-69　添加访问服务器

⑦启用身份验证，也可以不启用，单击"下一步"按钮，确认后，单击"创建"按钮，创建虚拟磁盘。

创建完成之后，回到"服务器管理器"窗口中的"文件和存储服务"二级导航栏，可以看到 iSCSI 虚拟磁盘正在初始化，待其完成即可使用。接下来，通过右侧的滚动条前往当前窗口的下半部分，以查看 iSCSI 目标列表。在此列表中，通过列标签显示了 iSCSI 目标的 IQN 和其他状态，选择一个 iSCSI 目标，打开其属性窗口进行查看，其中，IQN（iSCSI Qualified Name）是由 iSCSI 协议定义的名称结构，用于标识一个特定的 iSCSI 目标，如图 2-70 所示。

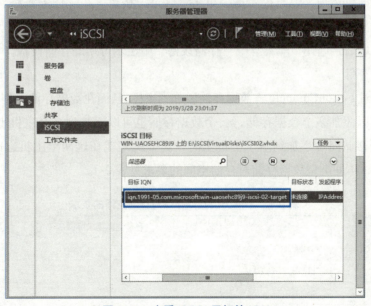

图 2-70　查看 iSCSI 目标的 IQN

现在可以将该 iSCSI 目标的 IQN 复制到剪贴板，再粘贴到文档中，以便将来配置添加 iSCSI 存储时使用。

### 3. 扫描存储设备

该任务是通过 FusionCompute 扫描外部存储设备，供主机发现并使用外部存储设备。

（1）在 FusionCompute 中选择"计算池"选项卡，进入"计算池"入门页面。

（2）在左侧导航树上选择"站点名称"→"集群文件夹名称"→"集群名称"→"主机名称"选项。进入该主机入门页面。

（3）选择"配置"→"存储资源"→"查看存储适配器"选项，弹出"存储适配器"对话框，记录"WWN"，如图 2-71 所示，然后登录存储设备管理软件配置存储设备的启动器。如果用户已统一规划了主机的 WWN 值，可单击"WWN"所在行的"修改"超链接，自定义 WWN 值。在存储设备管理软件中配置启动器的具体操作："创建启动器"→"为主机添加启动器"。

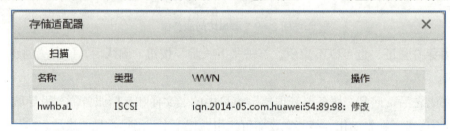

图 2-71　存储适配器

（4）在 FusionCompute 中，选择"计算池"选项卡，在左侧导航树中选择"站点名称"→"集群文件夹名称"→"集群名称"→"主机名称"选项，进入该主机入门页面。选择"配置"→"存储设备"→"扫描"选项，弹出提示框，单击"确定"按钮。在"任务跟踪"选项卡中，可以查看扫描进度。

（5）扫描完成后，选择"配置"→"存储设备"中显示可用的存储设备。

### 4. 添加数据存储

该任务是通过 FusionCompute 将数据存储添加到主机，从而在数据存储上创建虚拟机的磁盘。

一个主机可以添加多个数据存储，一个数据存储也可以添加到多个主机上。只有当虚拟机磁盘所在的数据存储同时添加到两个主机上时，虚拟机才能在这两个主机之间进行动态迁移。添加数据存储时，不同类型数据存储对存储空间的要求见表 2-7。

表 2-7　不同类型数据存储对存储空间的要求

| 数据存储类型 | 存储空间要求 |
| --- | --- |
| 本地硬盘（非虚拟化） | ≥2 GB |
| 虚拟化本地硬盘 | [2 GB, 16 TB] |
| SAN 存储（非虚拟化） | ≥2 GB |

# 项目 2 虚拟化平台搭建

续上表

| 数据存储类型 | 存储空间要求 |
|---|---|
| 虚拟化 SAN 存储 | [5 GB，64 TB]<br>说明：添加为虚拟化 SAN 存储时，虚拟镜像管理系统（Virtual Image Management System, VIMS）会占用一定的容量，具体的容量信息需要登录 FusionCompute，在"存储池"→"数据存储"→"概要"→"资源统计"中查看，因此数据存储实际可使用的空间会小于 LUN 本身的容量 |
| 裸设备共享存储 | ≥2 GB |
| NAS 存储 | 无要求 |
| FusionStorage | 无要求 |

（1）在 FusionCompute 中，选择"存储池"选项卡，选择"入门"，单击"添加数据存储"按钮，如图 2-72 所示。

图 2-72 添加存储资源

（2）单击"配置存储多路径"按钮，弹出"配置存储多路径"对话框，如图 2-73 所示。如选择"华为"，单击"立即重启"按钮。FusionCompute 的主机默认使用"通用"存储多路径。

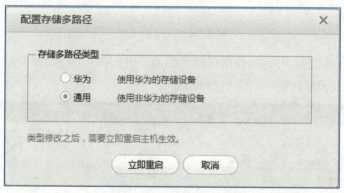

图 2-73 配置存储多路径

📎 说明

如果存储资源类型为 Advanced SAN 时，必须将主机的多路径模式切换为华为多路径；如果使用华为的 iSCSI 通道或光纤通道的 SAN 存储，可将主机的多路径模式切换为华为多路径，从而提升存储多路径性能。其他类型的存储资源无须切换多路径类型。

(3) 进入"添加数据存储"页面,选择存储资源的类型。这里选择 IP SAN 存储(本教学实践没有 FC SAN),如图 2-74 所示。

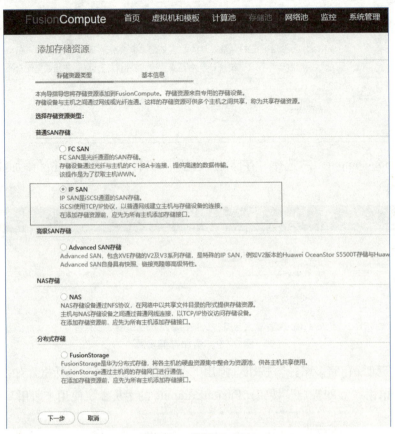

图 2-74　选择 IP SAN

(4) 填写数据存储的基本信息,数据存储名称为"IP SAN-105",管理 IP 为"172.16.100.105",存储 IP01 为"172.16.100.105",如图 2-75 所示。

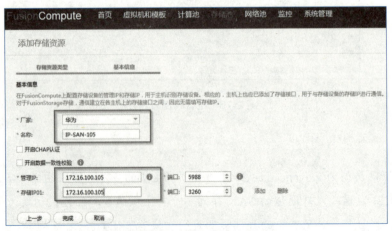

图 2-75　填写数据存储信息

（5）添加完成之后，进入图 2-76 所示界面，刷新该界面，在 IP SAN 所在行单击"更多"超链接，选择"关联主机"选项。

图 2-76　数据存储进行关联主机操作

（6）在"关联主机"对话框中，选中要关联的主机"CNA02"和"CNA03"，如图 2-77 所示。

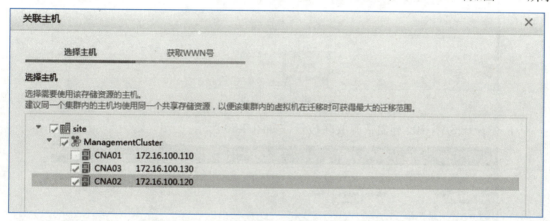

图 2-77　关联主机

（7）单击"修改"超链接，进入"修改 WWN 号"页面，如图 2-78 所示。

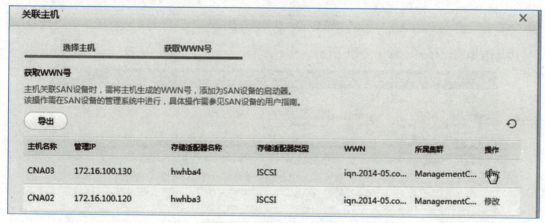

图 2-78　修改 WWN 号

（8）修改后，单击"完成"按钮，如图 2-79 所示。

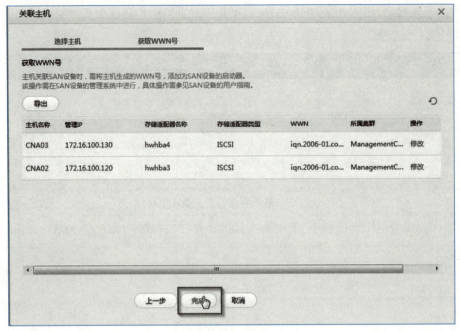

图 2-79　完成

（9）查看 IP SAN-105 存储资源关联数量，如图 2-80 所示。

图 2-80　查看关联数量

（10）添加数据存储，如图 2-81 所示。

图 2-81　添加数据存储

（11）选择 IP SAN 存储资源类型，IP SAN-105 存储资源，如图 2-82 所示。

图 2-82 选择 IP SAN

（12）填写 IP SAN 数据存储的基本信息，数据存储名称为"ip-san-4-raid0"，如图 2-83 所示。

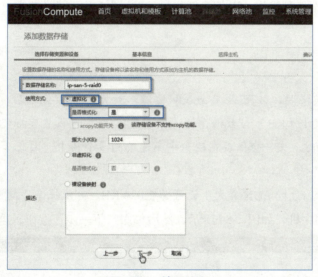

图 2-83 填写信息

①使用方式：虚拟化、非虚拟化和裸设备映射三种方式。

 说明

a. 虚拟化的数据存储创建普通磁盘速度较慢，但可支持部分高级特性，如创建精简磁盘，还能支持更多的高级特性，可提高存储的资源利用率和系统的安全性、可靠性。

b. 非虚拟化的数据存储创建磁盘速度较快，性能优于虚拟化存储，除 FusionStorage、Advanced SAN、本地内存盘外，其余磁盘的高级特性无法支持。当数据存储选择了虚拟化时，可在"高级设置"中设置虚拟化 LUN 存储的簇大小。使用虚拟化 LUN 存储时，文件会保存在磁盘中不连续的多个簇中。

c. 裸设备映射是将 SAN 存储的物理 LUN 直接作为磁盘绑定给业务虚拟机，使 SAN 存储具有更高的性能。该类型的数据存储只能整块当作裸设备映射的磁盘使用，不可分割，因此只能创建与数据存储同等容量的磁盘，且不支持虚拟化存储的高级功能。裸设备映射存储仅支持部分操作系统的虚拟机使用，如 RedHat Linux Enterprise 5.4/5.5/6.1/6.2 64bit。

②是否格式化：将存储设备首次添加为数据存储时，请确认该存储设备上的数据已经备份或不再使用，并将"是否格式化"设置为"是"。格式化有可能损坏数据。当存储类型为 SAN 存储，且数据存储设置为虚拟化时，需选择是否将数据存储格式化。选择"是"时，会删除数据存储原有数据，并将其格式化为华为虚拟化文件系统；选择"否"时，系统会将数据存储原有文件系统识别为华为虚拟化文件系统，如果文件系统无法识别，则添加数据存储的操作失败。仅当首次添加该数据存储时需设置，后续为其他主机添加该数据存储时无须设置。当添加的存储类型为"本地硬盘"且使用方式选择"虚拟化"时，系统默认会进行格式化。

③高级设置：可开启 xcopy 功能和设置簇大小。xcopy 功能是指由存储侧完成所有虚拟机迁移、克隆等任务的数据复制操作，以便降低主机 CPU 消耗以及网络带宽，同时还能提高数据复制的速度。

 说明

只有当选择格式化时，才可开启 xcopy 功能。开启 xcopy 功能后，簇大小选项会变成 64 KB 的整数倍。簇大小（KB）：当数据存储选择了虚拟化时,可设置虚拟化 SAN 存储的簇大小。使用虚拟化 SAN 存储时，文件会保存在磁盘中不连续的多个簇中。因此簇越小，存储的利用率越高，但是读取速率越低。

对于大于或等于 8 TB 的 LUN 簇大小设置为 1 024 KB，可以提高存储性能。

（13）选择添加的主机，如图 2-84 所示，然后单击"下一步"按钮，再单击"完成"按钮。

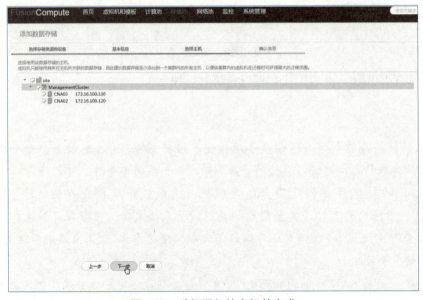

图 2-84　选择添加的主机并完成

（14）查看数据存储，如图 2-85 所示。

图 2-85　查看数据存储

### 5. 创建磁盘

该任务是通过 FusionCompute 在数据存储上创建磁盘，并通过与虚拟机绑定，为虚拟机提供存储资源。下面的任务是根据表 2-8 要求，创建 6 个容量为 10 GB 的磁盘 D1~D6 用于教学实践，而实际生产使用的磁盘，将根据需要建立较大的磁盘空间。

视　频

创建磁盘

表 2-8　磁盘 D1~D6 要求

| 磁盘 | 类型 | 配置模式 | 磁盘模式 | 存储类型 |
| --- | --- | --- | --- | --- |
| D1 | 普通 | 普通 | 独立 - 持久 | 本地磁盘非虚拟化 |
| D2 | 普通 | 精简 | 从属 | 共享存储 |
| D3 | 普通 | 精简 | 独立 - 持久 | 共享存储 |
| D4 | 普通 | 精简 | 独立 - 非持久 | 共享存储 |
| D5 | 普通 | 普通 | 从属 | 本地磁盘虚拟化 |
| D6 | 共享 | 普通 | 独立 - 持久 | 共享存储 |

下面简要说明表中的磁盘类型、配置模式、磁盘模式和存储类型。

1）磁盘类型

普通磁盘只能单个虚拟机使用；共享磁盘可以绑定给多个虚拟机使用，多台虚拟机使用同一个共享磁盘，如果同时写入数据，有可能会导致数据丢失，因此若使用共享磁盘，需要应用软件保证对磁盘的访问控制。

2）磁盘配置模式

普通模式：根据磁盘容量为磁盘分配空间，在创建过程中会将物理设备上保留的数据置零。这种格式的磁盘性能要优于其他两种磁盘格式，但创建这种格式的磁盘所需的时间会比创建其他类型的磁盘长。系统盘使用该模式。

精简模式：该模式下，系统首次仅分配磁盘容量配置值的部分容量，后续根据使用情况逐步进行分配，直到分配总量达到磁盘容量配置值为止。使用精简模式可以将数据存储超额分配，超额分配比例不超过 50%。超额分配率可通过数据存储的概要页面"已分配容量"和"总容量"的比例关系来确定。

普通延迟置零模式：根据磁盘容量为磁盘分配空间，创建时不会擦除物理设备上保留的任何数据，但后续从虚拟机首次执行写操作时会按需要将其置零。创建速度比"普通"模式快，I/O 性能介于普通和精简之间。

若选择"快照时不包含该磁盘"，则对虚拟机创建快照时，不对该磁盘的数据进行快照；使用快照还原虚拟机时，不对该磁盘的数据进行还原。

3）磁盘模式

从属：快照中包含该从属磁盘，更改将立即并永久写入磁盘。

独立-持久：更改将立即并永久写入磁盘，持久磁盘不受快照影响。

即对虚拟机创建快照时，不对该磁盘的数据进行快照。使用快照还原虚拟机时，不对该磁盘的数据进行还原。

独立-非持久：关闭电源或恢复快照后，丢弃对该磁盘的更改。

具体操作步骤如下：

（1）进入存储池界面，选择"存储池"选项卡。在左侧导航树中，选择"站点名称"，选择"数据存储"，如图 2-86 所示。

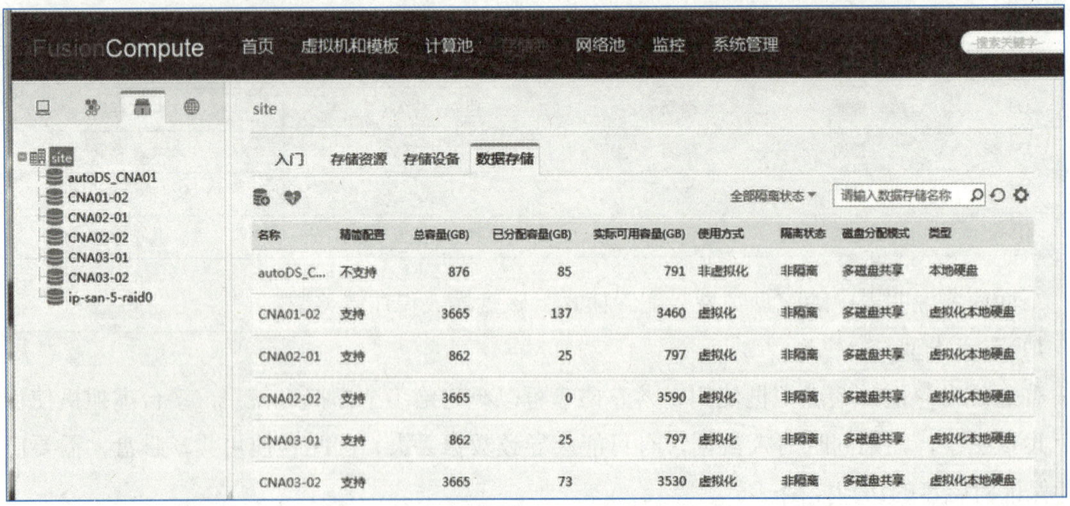

图 2-86　存储池界面

配置要求：查看列表，选择非虚拟化本地磁盘"autoDS_CNA01"创建 D1 磁盘；共享存储"ip-san-5-raid0"创建 D2、D3、D4 和 D6 磁盘；选择虚拟机化本地磁盘"CNA01-02"创建 D5 磁盘。

项目 2　虚拟化平台搭建

(2) 创建 D1 磁盘，选择"站点名称 site"→"autoDS_CNA01"→"入门"选项，创建磁盘，如图 2-87 所示。

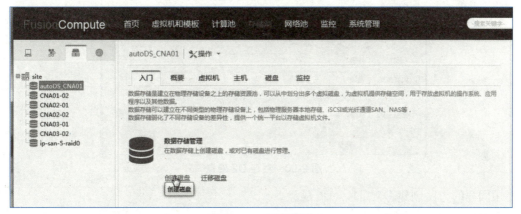

图 2-87　创建磁盘

(3) 单击"创建磁盘"按钮，根据要求填写创建 D1 磁盘，如图 2-88 所示。

图 2-88　磁盘类型和配置模式

(4) 创建完成后，可选择"磁盘"查看创建结果，如图 2-89 所示。

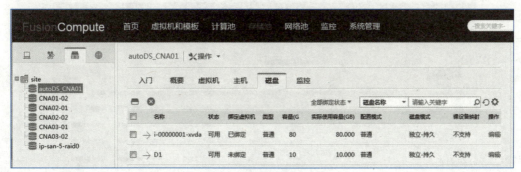

图 2-89　查看创建的磁盘

(5) 创建 D2、D3、D4 和 D6 磁盘，选择"站点名称 site"→"ip-san-5-raid0"→"入门"选项，单击"创建磁盘"按钮，根据要求填写，创建 D2 磁盘，如图 2-90 所示。

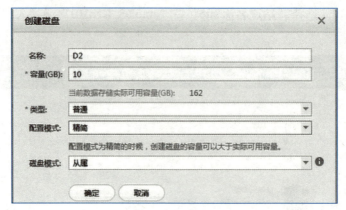

图 2-90 创建 D2 磁盘

使用同样的方法创建 D3、D4、D6 磁盘。

(6) 创建完成后,选择"磁盘"查看创建结果,如图 2-91 所示。

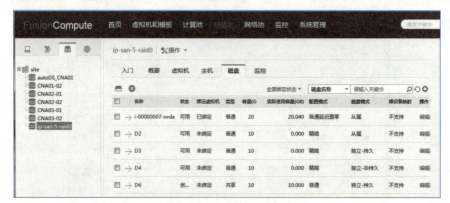

图 2-91 查看创建的磁盘

(7) 创建 D5 磁盘,选择"站点名称 site"→"CNA01-02"→"入门"选项,选择"CNA01-02"虚拟化本地磁盘,如图 2-92 所示。

图 2-92 虚拟化本地磁盘

# 项目 2　虚拟化平台搭建

(8) 单击"创建磁盘"按钮，根据要求填写，创建 D5 磁盘，如图 2-93 所示。

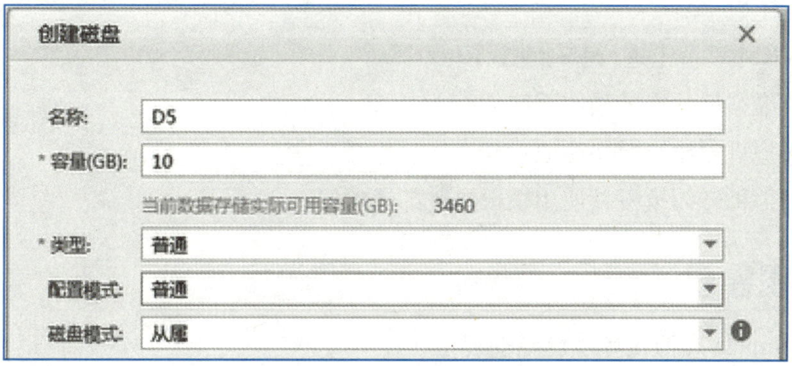

图 2-93　配置 D5 磁盘

(9) 创建完成后，可选择"磁盘"，查看创建结果，如图 2-94 所示。

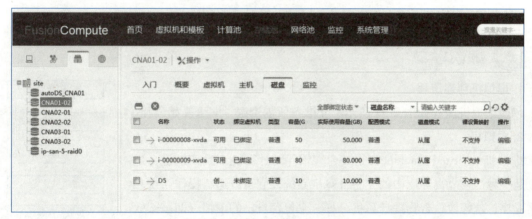

图 2-94　查看创建磁盘结果

## 任务 2-5　创建虚拟机及虚拟机相关操作

 **任务描述**

创建虚拟机：创建虚拟机 Win2008R2 和 VM1～VM4，它们具有相同端口组、规格相同，系统盘都使用共享虚拟化存储精简模式，不同点见表 2-9。

视　频

创建虚拟机

表 2-9　创建虚拟机 Win2008R2 和 VM1～VM4

| 虚拟机 | 所属主机 | Tools | 系统盘 | 数据盘 |
| --- | --- | --- | --- | --- |
| Win2008R2 | CNA02 | 安装 | 20 GB（CNA02-02） |  |
| VM1（使用模板创建） | CNA02 | 安装 | 20 GB（CNA02-01） | 10 GB（磁盘 D1） |
| VM2（使用模板创建） | CNA03 | 安装 | 20 GB（虚拟化共享存储） | 10 GB（磁盘 D2） |
| VM3（Windows 7） | CNA01 | 安装 | 20 GB（虚拟化共享存储） | 10 GB（磁盘 D3） |
| VM4（CentOS 7） | CNA01 | 不安装 | 10 GB（虚拟化共享存储） | 10 GB（磁盘 D4） |

77

### 任务目标

- 掌握在 VRM 平台上进行基础配置；
- 学会创建虚拟机并安装操作系统；
- 学会为虚拟机创建快照并还原；
- 学会将虚拟机转为模板并使用模板快速部署虚拟机。

### 事项需求

- FusionCompute 虚拟化环境已经安装；
- 已下载 Linux 操作系统镜像、Windows 操作系统镜像（版本信息参考教学实践准备，软件安装包）；
- 本地 PC 已安装 Java，版本号为 jre-8u92-windows-i586。

### 知识学习

#### 1. 虚拟机创建流程

创建虚拟机流程如图 2-95 所示。先准备所需资源，即可开始创建。

#### 2. 虚拟机

虚拟机（Virtual Machine）是一台"软件"计算机。确切地说，虚拟机是一种严密隔离环境中的完整计算机系统，它可以运行操作系统和应用程序，就好像一台物理计算机一样，它包含自己的虚拟（即基于软件实现的）CPU、内存、硬盘、显卡、声卡、网卡。虚拟机运行在某个物理主机上，并从主机上获取所需的 CPU、内存等计算资源，以及图形处理器、USB 设备、网络连接和存储访问等能力。多台虚拟机可以同时运行在一台物理主机中。

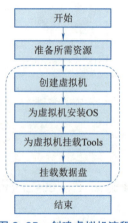

图 2-95 创建虚拟机流程

对于用户来说，能分清"物理"计算机与"虚拟"计算机，而对于运行于计算机中的操作系统来说，它是不会、也无从分辨物理机与虚拟机，不管物理机还是虚拟机，都是一样的。同样，对于运行在操作系统上的应用软件来说，基本上没有什么区别。所以，用户使用虚拟机就像使用真正的物理计算机一样，在虚拟机中安装操作系统、各种软件、做实验等，甚至在企业中，让虚拟机代替物理机，对外提供服务。

#### 3. 虚拟机与虚拟化的基础

计算机硬件的发展非常快，而大多数应用并不能充分利用、使用硬件资源，未使用完的硬件资源则是虚拟化的基础。举例来说，以个人用户为例，当前计算机主流是 Intel Core i5 8400、4 GB 内存、1 TB 硬盘。但对于大多数人来说，使用计算机主要是上网、聊天、看视频、处理文

项目 2　虚拟化平台搭建

档，很少有人使用视频处理、图形处理等耗费 CPU 或 GPU 资源的应用，这就导致大部分时候 CPU 的利用率低于 30% 甚至只有 10%，如作者在编写本书时的计算机配置是 Intel Core i5 4670 的 CPU、32 GB 内存、64 位的 Windows 7 操作系统，在大多数时间 CPU 的利用率小于 4%，内存使用小于 4 GB，如图 2-96 所示。对于企业来说，当前主流的服务器配置是 Intel 至强 E4-2600 的 CPU、32 GB 内存、多个硬盘组成 RAID，许多企业的服务器只是简单地做 Web 服务器、数据库服务器或 FTP 服务器，这些服务器的 CPU 利用率长期低于 20%、内存使用不足 30%、硬盘使用低于 5%。

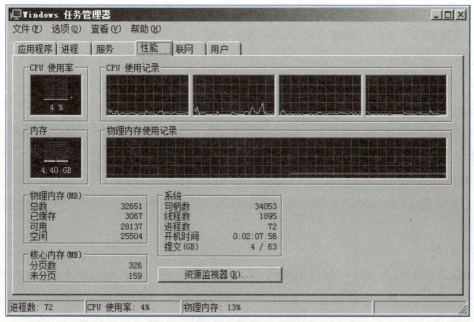

图 2-96　查看计算机的 CPU 与内存使用率

从上面的情况来看，由于计算机的配置比较高而利用率比较低，资源就极大地浪费了，为了充分发挥硬件的性能是虚拟化的基础。对于个人用户来说，使用虚拟机可以搭建实践测试平台，在一台主机上可以根据需要选择运行多个不同的系统；对于企业用户来说，使用虚拟化软件，可以将原来运行在多个不同物理服务器上的应用，迁移到云计算数据中心的一个主机的多台虚拟机上运行，以达到充分发挥硬件性能的目的。

虚拟机是虚拟化架构的主角，在虚拟化的设计和实施过程中，所有工作都是为了让虚拟机能够良好地运行。毕竟，无论是供企业内部使用的私有云，还是提供虚拟主机出租业务的公有云，虚拟机才是直接面向最终用户的对象。

4. 虚拟机资源管理

客户可以通过自定义方式或基于模板创建虚拟机，并对集群资源进行管理，包括资源自行动态调度（包含负载均衡和动态节能）、虚拟机管理（包含创建、删除、启动、关闭、重启、休眠、唤醒虚拟机等）、存储资源管理（包含普通磁盘和共享磁盘的管理）、虚拟机安全管理（包含自定义 VLAN 等），此外，还可以根据业务负载灵活调整虚拟机的 QoS（包括 CPU QoS 和内存 QoS）。

1) 虚拟机生命周期管理

虚拟机支持多种操作方式，用户可根据业务负载灵活调整虚拟机状态。虚拟机操作方式包括：

（1）创建/删除/启动/关闭/重启/查询虚拟机。FusionCompute 接受来自业务管理系统的创建虚拟机请求，依据请求中定义的虚拟机规格（vCPU、内存大小、硬盘大小）、镜像要求、网络要求等，选择合适的物理资源创建虚拟机，并在虚拟机创建完成后，查询虚拟机运行状态和属性。在使用虚拟机的过程中，用户可以停止、重启甚至删除自己的虚拟机。该功能为用户提供了基本的虚拟机操作和管理功能，方便用户对虚拟机的使用。

（2）休眠/唤醒虚拟机。当业务处于低负载量运行时，可以只保留部分虚拟机满足业务需求，将其他空闲虚拟机休眠，以降低物理服务器的能耗；当需要业务高负载运行时，再将虚拟机唤醒，以满足高负载业务量正常运行需求。该功能满足业务系统对资源需求的灵活性，提高系统的资源利用率。

2) 虚拟机模板

通过使用虚拟机模板功能，用户可对虚拟机定义规格化模板，并使用模板方式完成虚拟机快速部署。

3) CPU QoS

虚拟机的 CPU QoS 用于保证虚拟机的计算资源分配，隔离虚拟机间由于业务不同而导致的计算能力相互影响，满足不同业务对虚拟机计算性能的要求，最大限度复用资源，降低成本。

创建虚拟机时，可根据虚拟机预期部署业务对 CPU 的性能要求而指定相应的 CPU QoS。不同的 CPU QoS 代表了虚拟机不同的计算能力。指定 CPU QoS 的虚拟机，系统对其 CPU 的 QoS 保障，主要体现在计算能力的最低保障和资源分配的优先级。

CPU QoS 包含如下三个参数：

（1）CPU 资源份额。CPU 份额定义多台虚拟机在竞争物理 CPU 资源时按比例分配计算资源。以一个主频为 2.8 GHz 的单核物理主机为例，如果上面运行有三台单 CPU 的虚拟机。三台虚拟机 A、B、C 的份额分别为 1 000、2 000、4 000。当三台虚拟机 CPU 满负载运行时，会根据三台虚拟机的份额按比例分配计算资源。份额为 1 000 的虚拟机 A 获得的计算能力约为 400 MHz，份额为 2 000 的虚拟机 B 获得的计算能力约为 800 MHz，份额为 4 000 的虚拟机 C 获得的计算能力约为 1 600 MHz。（以上举例仅为说明 CPU 份额的概念，实际应用过程中情况会更复杂。）

CPU 份额只在各虚拟机竞争计算资源时发挥作用，如果没有竞争情况发生，有需求的虚拟机可以独占物理 CPU 资源，例如，如果虚拟机 B 和 C 均处于空闲状态，虚拟机 A 可以获得整个物理核，即 2.8 GHz 的计算能力。

(2) CPU 资源预留。CPU 预留定义了多台虚拟机竞争物理 CPU 资源时分配的最低计算资源。

如果虚拟机根据份额值计算出来的计算能力小于虚拟机预留值，调度算法会优先按照虚拟机预留值的能力把计算资源分配给虚拟机，对于预留值超出按份额分配的计算资源的部分，调度算法会从主机上其他虚拟机的 CPU 上按各自的份额比例扣除，因此虚拟机的计算能力会以预留值为准。

如果虚拟机根据份额值计算出来的计算能力大于虚拟机预留值，那么虚拟机的计算能力会以份额值计算为准。

以一个主频为 2.8 GHz 的单核物理机为例，如果运行有三台单 CPU 的虚拟机 A、B、C，份额分别为 1 000、2 000、4 000，预留值分别为 700 MHz、0 MHz、0 MHz。当三台虚拟机满 CPU 负载运行时，虚拟机 A 如果按照份额分配，本应得 400 MHz，但由于其预留值大于 400 MHz，因此最终计算能力按照预留值 700 MHz 分配。多出的（700-400=300）MHz 按照 B 和 C 各自的份额比例从 B 和 C 中扣除。虚拟机 B 获得的计算能力约为（800-100=700）MHz，虚拟机 C 获得的计算能力约为（1 600-200=1 400）MHz。

CPU 预留只在各虚拟机竞争计算资源时才发挥作用，如果没有竞争情况发生，有需求的虚拟机可以独占物理 CPU 资源。例如，如果虚拟机 B 和 C 均处于空闲状态，虚拟机 A 可以获得整个物理核，即 2.8 GHz 的计算能力。

(3) CPU 资源限额。控制虚拟机占用物理 CPU 资源的上限。以一个两 CPU 的虚拟机为例，如果设置该虚拟机 CPU 上限为 3 GHz，则该虚拟机的两个虚拟 CPU 计算能力被限制为 1.5 GHz。

4）内存 QoS

提供虚拟机内存智能复用功能，依赖内存预留。通过内存气泡等内存复用技术将物理内存虚拟出更多的虚拟内存供虚拟机使用，每个虚拟机都能完全使用分配的虚拟内存。该功能可最大限度地复用内存资源，提高资源利用率，且保证虚拟机运行时至少可以获取到预留大小的内存，保证业务的可靠运行。系统管理员可根据用户实际需求设置虚拟机内存预留。内存复用的主要原则是：优先使用物理内存。

内存 QoS 包含如下两个参数：

(1) 内存资源份额。内存份额定义多个虚拟机竞争内存资源时按比例分配内存资源。在虚拟机申请内存资源，或主机释放空闲内存（虚拟机迁移或关闭）时，会根据虚拟机的内存份额情况按比例分配。不同于 CPU 资源可实时调度，内存资源的调度是平缓的过程，内存份额策略在虚拟机运行过程中会不断进行微调，使虚拟机的内存获取量逐渐趋于比例。以 6 GB 内存规格的主机为例，假设其上运行有三台 4 GB 内存规格的虚拟机，内存份额分别为 20 480、20 480、40 960，那么其内存分配比例为 1∶1∶2。当三台虚拟机内部均逐步加压，策略会根据三台虚拟机的份额按比例分配调整内存资源，最终三台虚拟机获得的内存量稳定为 1.5 GB、1.5 GB、3 GB。

内存份额只在各虚拟机竞争内存资源时发挥作用,如果没有竞争情况发生,有需求的虚拟机可以最大限度地获得内存资源。例如,如果虚拟机 B 和 C 没有内存压力且未达到预留值,虚拟机 A 内存需求压力增大后,可以从空闲内存、虚拟机 B 和 C 中获取内存资源,直到虚拟机 A 达到上限或空闲内存用尽且虚拟机 B 和 C 达到预留值。以上面的例子,当份额为 40 960 的虚拟机没有内存压力(内存资源预留为 1 GB),那么份额为 20 480 的两台虚拟机理论上可以各获得最大 2.5 GB 的内存。

(2)内存资源预留。内存预留定义多台虚拟机竞争内存资源时分配的内存下限,能够确保虚拟机在实际使用过程中一定可使用的内存资源。预留的内存会被虚拟机独占。一旦内存被某台虚拟机预留,即使虚拟机实际内存使用量不超过预留量,其他虚拟机也无法抢占该虚拟机的空闲内存资源。

5)虚拟资源动态复用

虚拟机空闲时,可自动根据设置的条件将其部分内存、CPU 等资源释放并归还到虚拟资源池,以供系统分配给其他虚拟机使用。用户可在 Web 界面上对动态资源进行监控。

 说明

单个主机 CPU 复用率越低,主机及虚拟机性能越好,发放业务及后期维护时,单台主机 CPU 复用率不超过 4∶1

### 5. 虚拟机资源动态调整

FusionCompute 支持虚拟机资源动态调整,用户可以根据业务负载动态调整资源的使用情况。虚拟机资源调整包括:

1)离线 / 在线调整 vCPU 数目

无论虚拟机处于离线(关机)或在线状态,用户都可以根据需要增加或者减少虚拟机的 vCPU 数目。通过离线 / 在线调整虚拟机 vCPU 数目,可以满足虚拟机上业务负载发生变化时对计算能力灵活调整的需求。

2)离线 / 在线调整内存大小

无论虚拟机处于离线或在线状态,用户都可以根据需要增加或者减少虚拟机的内存容量。通过离线 / 在线调整内存大小,可以满足虚拟机上业务负载发生变化时对内存灵活调整的需求。

3)离线 / 在线添加 / 删除网卡

虚拟机在线 / 离线状态下,用户可以挂载或卸载虚拟网卡,以满足业务对网卡数量的需求。

4)离线 / 在线挂载虚拟磁盘

无论虚拟机处于离线或在线状态,用户都可以挂载虚拟磁盘,在不中断用户业务的情况下,增加虚拟机的存储容量,实现存储资源的灵活使用。

## 项目 2　虚拟化平台搭建

> **说明**
>
> 虚拟机处于离线或在线状态，且虚拟机使用的磁盘是虚拟化存储时，用户可通过增加已有磁盘容量的方式进行虚拟机存储容量的扩容。

#### 6. 虚拟机隔离技术

Hypervisor 能实现同一物理机上不同虚拟机之间的资源隔离，避免虚拟机之间的数据窃取或恶意攻击，保证虚拟机的资源使用不受周边虚拟机的影响。终端用户使用虚拟机时，仅能访问属于自己的虚拟机的资源（如硬件、软件和数据），不能访问其他虚拟机的资源，保证虚拟机隔离安全。虚拟机隔离如图 2-97 所示。

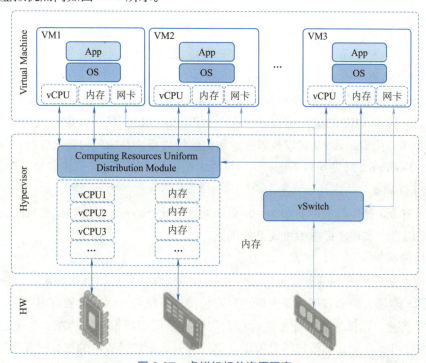

图 2-97　虚拟机相关资源隔离

1）物理资源与虚拟资源的隔离

Hypervisor 统一管理物理资源，保证每台虚拟机都能获得相对独立的物理资源；并能屏蔽虚拟资源故障，某台虚拟机崩溃后不影响 Hypervisor 及其他虚拟机。

2）vCPU 调度隔离安全

X86 架构为了保护指令的运行，提供了指令的 4 个不同 Privilege 特权级别，术语称为 Ring，优先级从高到低依次为 Ring 0（用于运行操作系统内核）、Ring 1（用于操作系统服务）、Ring 2（用于操作系统服务）、Ring 3（用于应用程序），各个级别对可以运行的指令进行限制。vCPU 的上下文切换，由 Hypervisor 负责调度。Hypervisor 使虚拟机操作系统运行在 Ring 1 上，有效地防止了虚拟机 Guest OS 直接执行所有特权指令；应用程序运行在 Ring 3 上，保证了操作系统与应

3）内存隔离

虚拟机通过内存虚拟化来实现不同虚拟机之间的内存隔离。内存虚拟化技术在客户机已有地址映射（虚拟地址和机器地址）的基础上，引入一层新的地址——"物理地址"。在虚拟化场景下，客户机 OS 将"虚拟地址"映射为"物理地址"；Hypervisor 负责将客户机的"物理地址"映射成"机器地址"，再交由物理处理器执行。

> **说明**
> - 虚拟地址（VA）：指客户机 OS 提供给其应用程序使用的线性地址空间。
> - 物理地址（PA）：经 Hypervisor 抽象的、虚拟机看到的伪物理地址。
> - 机器地址（MA）：真实的机器地址，即地址总线上出现的地址信号。

4）内部网络隔离

Hypervisor 提供 VRF（VPN Routing and Forwarding）功能，每台客户虚拟机都有一个或者多个在逻辑上附属于 VRF 的虚拟接口 VIF（Virtual Interface）。从一台虚拟机上发出的数据包，先到达 Domain 0，由 Domain 0 实现数据过滤和完整性检查，并插入和删除规则；经过认证后携带许可证，由 Domain 0 转发给目的虚拟机；目的虚拟机检查许可证，以决定是否接收数据包。

5）磁盘 I/O 隔离

虚拟机所有 I/O 操作都会由 Hypervisor 截获处理，Hypervisor 保证虚拟机只能访问分配给该虚拟机的物理磁盘，实现不同虚拟机硬盘的隔离。

### 7. 虚拟机模板

虚拟机模板是虚拟机的副本，包含操作系统、应用软件和虚拟机规格配置。使用虚拟机模板创建虚拟机，能够大幅节省配置新虚拟机和安装操作系统的时间。发放应用实例：使用应用模板发放应用实例时，选择使用的虚拟机模板，实现批量创建虚拟机的功能。当使用已有的虚拟机模板创建虚拟机，在创建虚拟机的过程中，仍然可对虚拟机模板中的部分配置进行微调。

使用模板创建虚拟机有多种不同的方式，见表 2-10。

表 2-10 使用模板创建虚拟机的方式

| 创建方式 | 说　　明 |
| --- | --- |
| 将模板转为虚拟机 | 将系统中的模板转换为虚拟机，创建完成的虚拟机所有属性和模板相同。<br>转换完成后，模板不再存在 |
| 按模板部署虚拟机 | 使用系统中已有的模板，创建一个和该模板相似的虚拟机。<br>部署虚拟机前，需准备好 ova 模板或 ovf 模板，ovf 模板包含 ovf 文件和 vhd 文件。<br>部署虚拟机过程中，以下属性继承自模板，其他属性可自定义。<br>• 虚拟机的操作系统类型和操作系统版本号<br>• 虚拟机磁盘的数量、容量和总线类型<br>• 虚拟机的网卡数 |

续上表

| 创建方式 | 说明 |
|---|---|
| 使用模板导入虚拟机 | 将其他站点的模板导出，通过模板导入虚拟机的方式在该站点创建一个和该模板相似的虚拟机。<br>导入虚拟机前，需准备好 ova 模板或 ovf 模板，ovf 模板包含 ovf 文件和 vhd 文件。<br>导入虚拟机过程中，以下属性继承自模板，其他属性可自定义。<br>• 虚拟机的操作系统类型和操作系统版本号<br>• 虚拟机磁盘的数量、容量和总线类型<br>• 虚拟机的网卡数 |

需要说明的一点是，克隆出来的系统计算机名一模一样，这个时候需要更改计算机名称、IP 地址，但计算机的 SID（Security Identify，安全标识符）修改则相对复杂。对于许多域用户来说，如果有相同的 SID，域控制器就认为是相同的一台计算机，就会产生冲突，会产生莫名其妙的问题，这时新克隆的计算机需要具有新的 SID。微软公司提供 Sysprep 工具，Sysprep 工具一运行就能产生计算机新的 SID。

使用模板和使用克隆命令在本质上是相似的。如果要将同一台虚拟机模板交付给不同的租户，可在制作模板之前使用 Sysprep 工具执行通用化，设置完成后关机，并在关机后将此虚拟机制作成模板。这样，每个租户就能在第一次开机时使用自定义设置，产生新的 SID。为此对制作模板的虚拟机进行通用化处理。

在不同版本的 Windows 中，Sysprep 工具的使用方法大同小异。以 Windows Server 2012 R2 为例，打开目录"C:/Windows/System32/Sysprep"，以管理员身份运行"Sysprep.exe"，在程序窗口的"系统清理操作"下拉列表中选择"进入系统全新体验（OOBE）"，勾选"通用"复选框，选择"关机选项"为"关机"，如图 2-98 所示。单击"确定"按钮，Sysprep 工具开始进行通用化处理。完成之后，该计算机会自动关闭。再次启动时，用户就会得到一个全新的 Windows 界面，此时，需要设置国家或地区、应用语言、键盘布局、EULA、内置管理员账户的密码等。

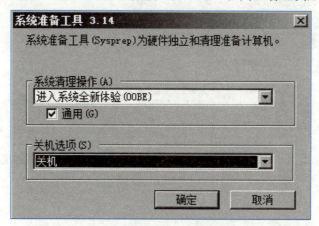

图 2-98　使用 Sysprep 工具

## 任务实施

### 1. 创建虚拟机

（1）登录 VRM 管理系统，选择"虚拟机和模板"选项卡，单击"site"下的"入门"选项，单击"创建虚拟机"超链接，如图 2-99 所示。

图 2-99 创建虚拟机

（2）配置虚拟机信息，在弹出的窗口中选择"创建新虚拟机"选项，单击"下一步"按钮。配置虚拟机，输入虚拟机的名称，并配置将 VM 部署在哪一个站点上，这里选择默认的站点，如图 2-100 所示。输入完成后，单击"下一步"按钮。

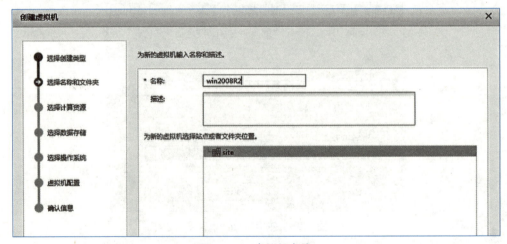

图 2-100 虚拟机名称

(3)选择计算资源,如图 2-101 所示,选择要使用哪一个 CNA 的计算资源部署 VM,这里选择"CNA02",然后单击"下一步"按钮。

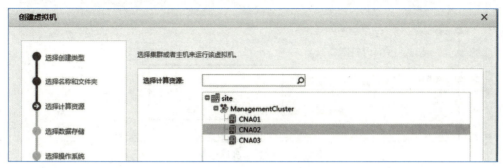

图 2-101　选择计算资源

(4)选择数据存储(数据存储表示系统中可管理、操作的存储逻辑单元),如图 2-102 所示,选择将 VM 部署在哪个数据存储资源上,选择其中一个数据存储(这里选择 CNA02-02),单击"下一步"按钮。

图 2-102　选择数据存储

(5)选择操作系统,如图 2-103 所示,选择将要安装的操作系统类型,由于之后安装的操作系统是 Windows Server 2008 操作系统,所以这里选择的操作系统类型为"Windows",操作系统版本号是"Windows Server 2008 R2 Standard 64bit"。选择后单击"下一步"按钮。如果需要安装"Linux",则选择"Linux"单选按钮。

图 2-103　选择操作系统

(6)调整虚拟机配置,如图 2-104 所示,配置虚拟机的性能参数,按照需求配置虚拟机的规格,完成后单击"下一步"按钮。单击"完成"按钮即可创建一台虚拟机。

图 2-104　虚拟机规格配置

（7）安装操作系统，如图 2-105 所示，在导航栏中选择"虚拟机和模板"选项，单击先前创建的虚拟机，在右侧栏中选择"硬件"选项卡，单击"光驱"选项卡，选择"挂载光驱（本地）"后单击"确定"按钮。系统加载 Java 插件，在弹出的页面中选择 ISO 文件后单击"确定"按钮即可将映像文件挂载到虚拟机中，添加镜像如图 2-106 所示。

图 2-105　挂载镜像

图 2-106　添加镜像

（8）VNC 登录，将镜像挂载后，回到虚拟机和模板界面，单击挂载完镜像的虚拟机，如图 2-107 所示，查看概要，单击"VNC 登录"按钮进入到虚拟机中进行操作系统的安装，如图 2-108 所示。

图 2-107　VNC 登录

图 2-108　安装界面

**2. 创建快照并还原**

（1）安装 Tools，Tools 安装文件存放在主机上，挂载 Tools 后，虚拟机才能访问 Tools 的安装文件。进入"虚拟机"页面。勾选待操作的虚拟机，在虚拟机列表上方选择"操作"→"挂载 Tools"选项，如图 2-109 所示。

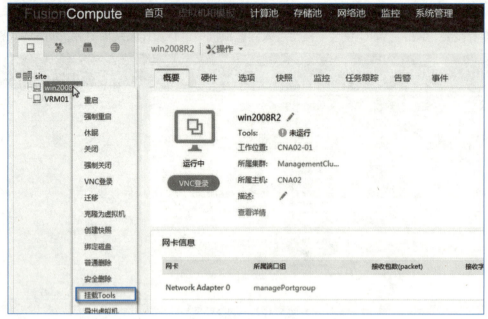

图 2-109 挂载 Tools

(2) 在 VNC 登录窗口的虚拟机操作系统界面中,选择"开始"→"计算机"命令。进入"计算机"界面。右击"CD 驱动器"选项,在弹出的快捷菜单中选择"打开"命令。右击"Setup"选项,在弹出的快捷菜单中选择"以管理员身份运行"命令,根据界面提示完成软件安装,如图 2-110 和图 2-111 所示。根据提示重启虚拟机,使 Tools 生效。对于 Windows Server 2008 系统的虚拟机,必须重启两次。

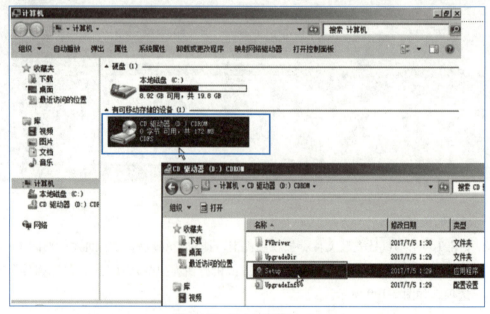

图 2-110 Setup 安装 Tools

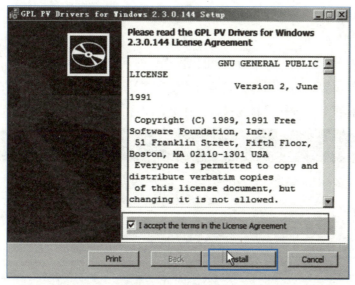

图 2-111　安装 Tools

（3）选中要创建快照的虚拟机，如图 2-112 所示。单击"快照"→"创建快照"选项，并且输入快照名称。

图 2-112　创建快照

（4）快照恢复虚拟机，如果在进行其他操作之后，想要恢复到原来的虚拟机状态，单击进入虚拟机操作选项，选择"快照"选项卡，选中所创建的快照单击"恢复虚拟机"按钮，根据提示完成虚拟机快照恢复，如图 2-113 所示。

图 2-113　快照恢复虚拟机

### 3. 虚拟机转为模板

1) 模板制作

在转为模板前，先要进行 Sysprep 通用化操作，然后将虚拟机快照删除并且关闭电源，如图 2-114 所示。选择将要转为模板（原虚拟机不复存在）/ 克隆为模板（原虚拟机还在），右击虚拟机，在弹出的快捷菜单中选择"转为模板"命令，即可将虚拟机转换为模板，如图 2-115 所示。

图 2-114　关闭虚拟机

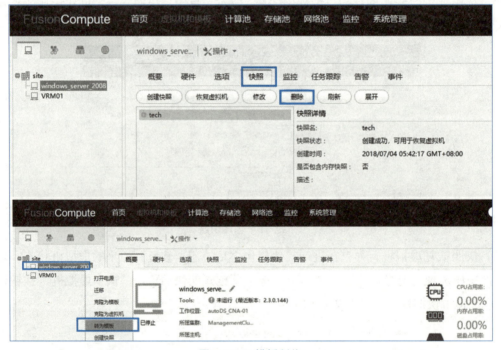

图 2-115　模板制作

2) 从模板部署虚拟机

使用模板可以快速部署一台虚拟机，创建出来的虚拟机与原模板的虚拟机配置与数据都是一致的。选择一个模板虚拟机并右击，在弹出的快捷菜单中选择"按模板部署虚拟机"命令，即可创建一台由模板克隆的虚拟机，如图 2-116 所示。

# 项目 2　虚拟化平台搭建

图 2-116　模板克隆虚拟机

3）部署其他虚拟机

使用相同的方法按表 2-9 所示要求，部署 VM1、VM2、VM3、VM4。

## 任务 2-6　虚拟机热迁移

视　频

虚拟机热迁移

 **任务描述**

- 将一台在主机 CNA02 上已经创建好的 VM1 虚拟机从 CNA02-01 上的数据存储迁移至公共存储（IP SAN-4-raid0），虚拟机从主机 CNA02 迁移至主机 CNA03；
- 整体迁移：将虚拟机 VM2 从主机 CNA03 迁移至主机 CNA02 的 CNA02-02。

**任务目的**

- 掌握无挂载磁盘更改主机的热迁移；
- 掌握有挂载磁盘更改数据存储的热迁移；
- 掌握不同磁盘下的虚拟机迁移。

 **事项需求**

- 已登录 FusionCompute；
- 虚拟机的状态为"运行中"，已获取迁移的目标主机名称；
- 虚拟机已安装 Tools，且 Tools 运行正常；
- 虚拟机未绑定图形处理器、USB 设备；
- 如果源主机和目标主机的 CPU 类型不一致，需要开启集群的 IMC 模式；
- 当跨集群迁移时，源主机所属集群和目标主机所属集群的内存复用开关设置需相同；
- 最多能同时迁移 8 台虚拟机。

### 1. 热迁移技术介绍

热迁移是云计算中的重要技术，是实现高可用性、主机资源的负载均衡等高级功能的必要手段。虚拟机迁移分为冷迁移（又称静态迁移）和热迁移（又称动态迁移）。冷迁移的本质是一个在源主机上取消注册，并在目标主机上重新注册的过程，就好像把鸡蛋从一个篮子取出来，放进另一个篮子中。而热迁移则是让虚拟机在迁移期间保持运行状态，不会中断正在进行的业务。热迁移需要复杂的实现机制，且受到很多硬件条件的限制。

热迁移又称在线迁移（online migration）或实时迁移（live migration）。是指在保证虚拟机上服务正常运行的同时，虚拟机在不同的物理主机之间进行迁移，其逻辑步骤与离线迁移几乎完全一致。不同的是，为了保证迁移过程中虚拟机服务的可用，迁移过程仅有非常短暂的停机时间。迁移的前期，服务在源主机运行，当迁移进行到一定阶段，目的主机已经具备了运行系统的必须资源，经过一个非常短暂的切换，源主机将控制权转移到目的主机，服务在目的主机上继续运行。对于服务本身而言，由于切换的时间非常短暂，用户感觉不到服务的中断，因而迁移过程对用户是透明的。热迁移适用于对服务可用性要求很高的场景。

### 2. 热迁移的价值

虚拟机的热迁移技术最初是被用于双机容错或者负载均衡，从而在应用上有很多优势。首先是可伸缩性比较强，在晚上或周末，IT 管理者可以让运行某些关键业务的服务器适当减少工作量，以便进行操作系统的更新、应用程序打补丁等操作。而到了白天，又可以弹性地进行大负载量的运算。其次，现在的数据中心都注重环保节能，工作量负载大的应用程序必然会令服务器能耗增加，有了虚拟机热迁移技术，当一台物理服务器负载过大时，系统管理员可以将其上面的虚拟机迁移到其他服务器，可有效降低数据中心服务器的总体能耗，再通过冷却系统将数据中心的温度保持在正常水平。虚拟机热迁移示意图如图 2-117 所示。

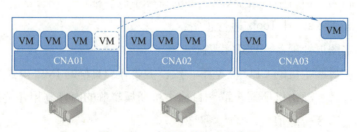

图 2-117　虚拟机热迁移示意图

## 项目 2　虚拟化平台搭建

FusionCompute 支持在同一共享存储的主机之间自由迁移虚拟机。虚拟机热迁移是在不中断业务的情况下,将同一个集群中虚拟机从一台物理服务器移动至另一台物理服务器。虚拟机管理器提供内存数据快速复制和共享存储技术,确保虚拟机迁移前后数据不变。其应用如下:

①在进行服务器操作维护前,系统维护人员将该服务器上的虚拟机迁移到其他服务器,降低操作维护过程中业务中断的风险。

②在进行服务器升级操作前,系统维护人员将该服务器上的虚拟机迁移到其他服务器,升级完成后将所有虚拟机迁回,降低服务器升级过程中业务中断的风险。

③将空闲服务器上的虚拟机迁移到其他服务器,将没有负载的服务器关闭,降低业务运行成本。

热迁移包括手动迁移和自动迁移两种类型,两种类型的特点见表 2-11。

表 2-11　虚拟机热迁移类型

| 迁移类型 | 子　类 | 说　明 |
| --- | --- | --- |
| 手动迁移 | 按目的迁移 | 系统维护人员通过 FusionCompute 的虚拟机迁移功能,手动迁移一台虚拟机到另一台服务器上 |
| 自动迁移 | 虚拟机资源调度 | 在同一个集群内,系统根据预先设定的虚拟机调度策略,对虚拟机进行自动迁移 |

### 3. 虚拟机热迁移的资源要求

要对虚拟机进行热迁移,存在许多限制,其中对资源的要求如下:

1)对计算资源的要求
- 目标主机不能处于维护模式。
- 目标主机上有足够的 CPU 和内存资源,供虚拟机在目标主机上运行。
- 当跨集群迁移时,源主机所属集群和目标主机所属集群的内存复用开关设置需相同。
- 迁移过程中,不能将源主机和目标主机下电或重启。

2)对存储资源的要求

源主机和目标主机均能访问虚拟机的所有磁盘,即虚拟机磁盘所属的数据存储必须同时关联至源主机和目标主机。

3)对网络资源的要求

源主机和目标主机的网络必须互通,即虚拟机网卡所属端口组所在的分布式虚拟交换机的上行链路必须同时关联至源主机和目标主机。根据不同组网修改迁移任务的 "pending" 值。

- 当所有 CNA 主机网卡全部为 10GE 网卡时,保持迁移任务的默认 "pending" 值修改为 "25"。

- 当 FusionCompute 环境中存在 1GE 网卡时，将迁移任务的"pending"值修改为"50"。

### 4. 虚拟机热迁移方式

在满足虚拟机热迁移的条件之后，虚拟机就可以在集群内或者集群间进行迁移了。虚拟机的迁移有"更改主机""更改数据存储""更改主机和更改数据存储"。

1）更改主机

更改主机的热迁移方式是指将正在运行的虚拟机从一台主机移到另一台主机上的过程，迁移过程中无须中断虚拟机上的业务。虚拟机运行在主机上，当主机出现故障、资源分配不均（如负载过重、负载过轻）等情况时，可通过迁移虚拟机来保证虚拟机业务的正常运行。当主机故障或主机负载过重时，可以将运行的虚拟机迁移到另一台主机上，避免业务中断，保证业务的正常运行；当多数主机负载过轻时，可以将虚拟机迁移整合，以减少主机数量，提高资源的利用率，实现节能减排。

2）更改数据存储

更改数据存储的热迁移方式是指管理员通过 FusionCompute，将虚拟机中的磁盘从一个数据存储迁移到另一个数据存储中。因为虚拟机状态为"运行中"，所以只能在虚拟化数据存储之间进行迁移，不同的 FusionStorage Block 存储资源之间除外。在条件允许的情况下，将虚拟机关闭后迁移，即冷迁移。

3）更改主机和更改数据存储（完整迁移）

完整迁移虚拟机是指将正在运行的虚拟机从一台主机迁移到另一台主机并且同时将虚拟机中的磁盘从一个数据存储迁移到另一个数据存储的过程，迁移过程中无须中断虚拟机上的业务。当虚拟机的磁盘属于虚拟化本地磁盘类型数据存储，或者属于虚拟化 SAN 存储类型数据存储但该数据存储在目标主机没有挂载时，可以使用完整迁移虚拟机。对使用共享存储的虚拟机热迁移时，使用效率更高的更改数据存储的热迁移方式。

> **说明**
>
> 高危特性声明：更改数据存储以及更改主机和更改数据存储这两种迁移方法在使用过程中可能触及最终用户数据，符合业界惯例，但仍须谨慎使用。通过迁移磁盘改变磁盘的存储位置，提供系统磁盘高可用性。如涉及用户数据，须在用户许可下迁移磁盘

**任务实施**

#### 1. 更改数据存储

（1）勾选待迁移的 win2008Computer1 虚拟机，在页面上方选择"操作"→"迁移"选项，进入"迁移虚拟机"页面，如图 2-118 所示。

项目 2　虚拟化平台搭建

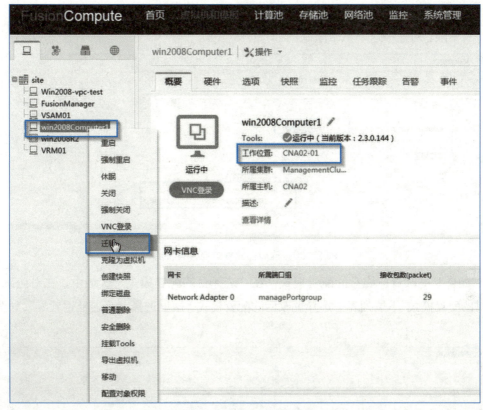

图 2-118　选择虚拟机迁移

（2）选择迁移方式为"更改数据存储"，如图 2-119 所示。

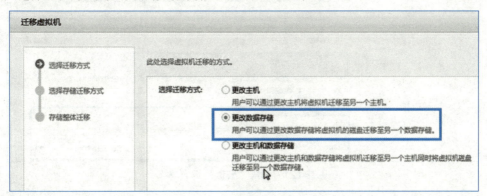

图 2-119　选择更改数据存储

（3）选择"存储整体迁移"，如图 2-120 所示。
- 存储整体迁移：以虚拟机所有磁盘为对象进行迁移。
- 按磁盘迁移：以用户选择的虚拟机磁盘为对象进行迁移。

（4）选择"迁移速率"，勾选"快速"复选框，如图 2-120 所示。
- 适中：系统资源占用较小。

- 快速：系统资源占用较大，在业务空闲时选择。
- 不限：对迁移速率不做限制。

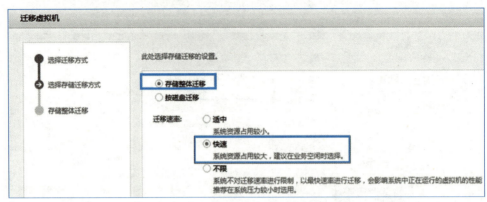

图2-120　选择存储整体迁移与快速

（5）如果要更改目标磁盘的配置模式，在"选择目的配置模式"区域中，在对应磁盘所在行的"目的配置模式"下拉列表中选择更改后的配置模式。这里选择"普通延迟置零"，如图2-121所示。

图2-121　选择"普通延迟置零"

- 普通：根据磁盘容量为磁盘分配空间，在创建过程中会将物理设备上保留的数据置零。这种格式的磁盘性能要优于其他两种磁盘格式，但创建这种格式的磁盘所需的时间可能会比创建其他类型的磁盘长。
- 普通延迟置零：根据磁盘容量为磁盘分配空间，创建时不会擦除物理设备上保留的任何数据，但后续从虚拟机首次执行写操作时会按需要将其置零。创建速度比"普通"模式快；I/O性能介于"普通"和"精简"两种模式之间。只有数据存储类型为"虚拟化本地硬盘""虚拟化

SAN 存储"或版本号为 V3 的"Advanced SAN 存储"时,支持该模式。

• 精简:该模式下,系统首次仅分配磁盘容量配置值的部分容量,后续根据使用情况,逐步进行分配,直到分配总量达到磁盘容量配置值为止。

 说明

使用精简模式可能导致数据存储超分配,超分配比例不超过 50%。超分配率可通过数据存储的概要页面"已分配容量"和"总容量"的比例关系确定。数据存储类型为"FusionStorage"或"本地内存盘"时,只支持该模式;数据存储类型为"本地硬盘"或"SAN 存储"时,不支持该模式。

(6) 单击"迁移"按钮。页面提示成功提交虚拟机迁移任务,如图 2-122 所示。

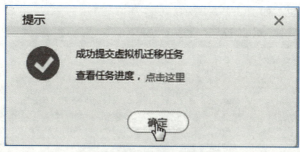

图 2-122 提交迁移

(7) 单击"确定"按钮。开始执行迁移磁盘任务,单击"查看任务"按钮查看迁移进度,如图 2-123 所示。迁移完成后,可在迁移的目标数据存储中查看迁移成功的虚拟机,如图 2-124 所示。

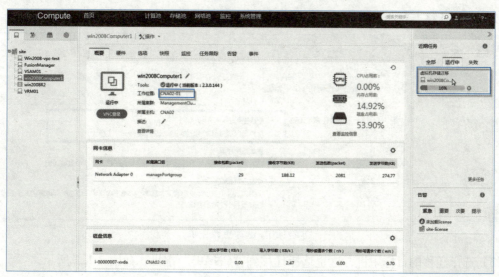

图 2-123 迁移进度

图 2-124　迁移完成

### 2. 更改主机

(1) 勾选待迁移的 win2008Computer1 虚拟机,在页面上方选择"更多"→"迁移"选项。进入"迁移虚拟机"页面,如图 2-125 所示。

图 2-125　选择虚拟机迁移

(2) 选择迁移方式为"更改主机",单击"下一步"按钮,如图 2-126 所示。

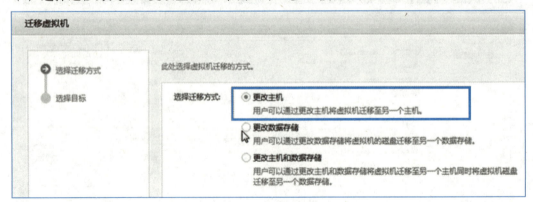

图 2-126　选择更改主机

(3) 选择迁移的目标主机,这里选择迁移到"CNA03"主机,如图 2-127 所示。

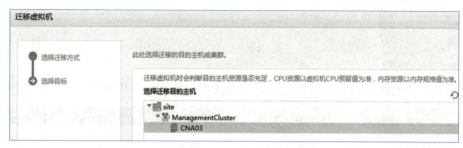

图 2-127　选择主机

（4）若要与目标主机绑定，则勾选"与所选迁移目的主机绑定"复选框。

（5）单击"迁移"按钮，弹出对话框。

（6）单击"确定"按钮，提交迁移任务。

（7）单击"确定"按钮。虚拟机的状态重新变为"运行中"时，表示迁移虚拟机成功。在"任务跟踪"选项卡中可查看任务进度，如图 2-128 所示。迁移完成后，在迁移的目标主机中可以查看迁移成功的虚拟机，如图 2-129 所示。

图 2-128　执行迁移任务进度

图 2-129　迁移完成

说明

如果虚拟机迁移失败，可能原因有如下几种：

- 源主机和目标主机网络中断或网络不通。
- 目标主机无法访问虚拟机的磁盘。
- 目标主机故障、被重启或已进入维护模式。
- 源主机和目标主机的 CPU 类型不兼容。

• 源主机和目标主机的 BIOS 配置项配置不一致，例如"Advanced"→"Advanced Processor"中的 CPU 特性列表的配置不一致。

**3. 虚拟机整体迁移**

（1）选择 win2008Computer1 虚拟机进行整体迁移，如图 2-130 所示。

图 2-130　选择虚拟机迁移

（2）选择"更改主机与数据存储"迁移方式，如图 2-131 所示。

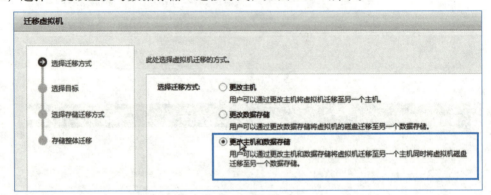

图 2-131　选择更改主机和数据存储迁移方式

（3）选择 CNA02 主机，如图 2-132 所示。

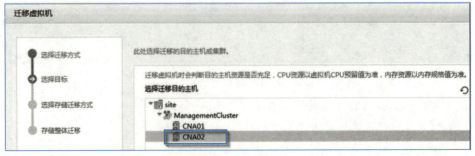

图 2-132　选择主机

（4）存储整体迁移，如图 2-133 所示。

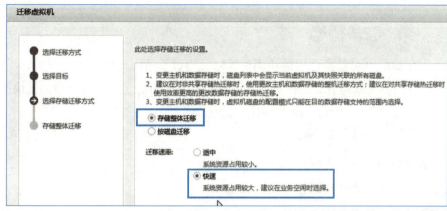

图 2-133　选择存储整体迁移与快速

（5）选择本地存储，如图 2-134 所示。

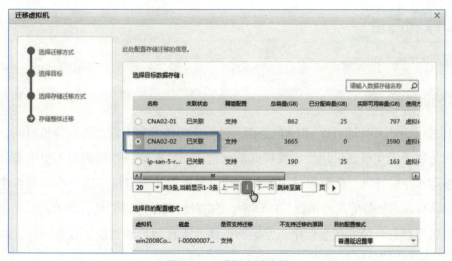

图 2-134　选择本地存储

（6）迁移完成后，可在迁移的目标数据存储中查看迁移成功的虚拟机，以及该虚拟机所属的主机，如图 2-135 所示。

图 2-135　迁移完成

## 任务 2-7　配置高可用性和调度策略

 **任务描述**

在集群中配置高可用性和调度策略，当计算节点或节点上的虚拟机出现故障时，系统自动将故障的虚拟机在正常的计算节点上重新启动，使故障虚拟机快速恢复。

 **任务目的**

- 熟悉配置集群 HA 策略选项；
- 掌握验证"使用专用故障切换主机"策略；
- 掌握配置和测试集群中的 HA；
- 学会动态资源调度策略实施。

 **事项需求**

- 已登录 FusionCompute。

 **知识学习**

高可用性（High Availability，HA）是指通过特定的技术和手段，缩短停机时间，提高业务连续性。用传统手段实现高可用性需要较高的代价，而且实施和管理的成本也很高。华为云计算中的 HA 运行在集群上，依靠集群内的多台主机，能够为虚拟机中运行的应用程序提供快速中断恢复和具有成本效益的高可用性。HA 指可提供经济高效的虚拟机自动重启，当硬件发生故障时，虚拟机可在几分钟内在集群中正常运行的硬件上自动启动并恢复业务运行。高可用性集群中的故障切换如图 2-136 所示。

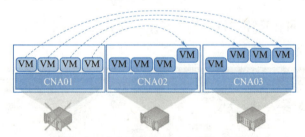

图 2-136　高可用性集群中的故障切换

虚拟机高可用性是当计算节点上的虚拟机出现故障时，系统自动将故障的虚拟机在正常的计算节点上重新启动，使故障虚拟机快速恢复。当系统检测到虚拟机故障时，系统将选择正常的计算节点，将故障虚拟机在正常的计算节点上重新启动。

## 项目 2　虚拟化平台搭建

### 1. 计算节点掉电恢复或重启

当计算节点掉电恢复或重启时,系统将计算节点上具有 HA 属性的虚拟机重新创建至其他计算节点。

### 2. 虚拟机蓝屏

当系统检测到虚拟机蓝屏故障且该虚拟机蓝屏处理策略配置为 HA 时,系统选择其他正常的计算节点重新启动虚拟机。

### 3. 虚拟机支持故障迁移

该功能支持虚拟机故障后自动重启。用户创建虚拟机时,可以选择是否支持故障重启,即是否支持 HA 功能。系统周期检测虚拟机状态,当物理服务器故障引起虚拟机故障时,系统会将虚拟机迁移到其他物理服务器重新启动,保证虚拟机能够快速恢复。重新启动的虚拟机,会像物理机一样重新开始引导,加载操作系统,所以发生故障时未保存的内容将丢失。目前系统能够检测到的引起虚拟机故障的原因包括物理硬件故障、系统软件故障。

### 任务实施

(1) 在 FusionCompute 中,选择"计算池"选项卡,如图 2-137 所示。

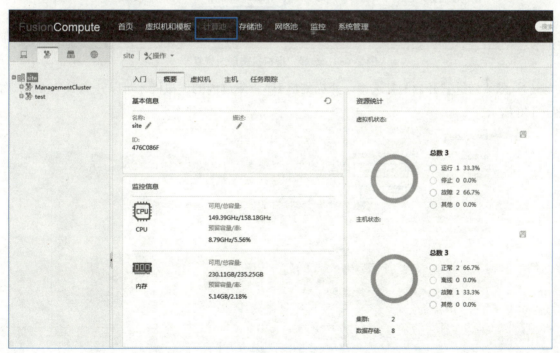

图 2-137　选择"计算池"选项卡

(2) 在左侧导航树中选择"站点名称"→"集群文件夹名称"→"test"选项,选择"入门"选项卡,如图 2-138 所示。

图 2-138 选择"入门"选项卡

（3）选择"配置"→"HA 配置"选项，在"主机故障处理策略"选项组中选择"虚拟机集群内恢复"单选按钮，如 2-139 所示。

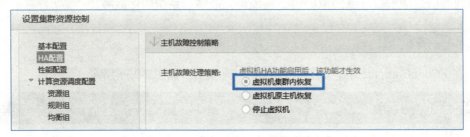

图 2-139 选择"虚拟机集群内恢复"

（4）默认勾选"开启"复选框，开启集群 HA，集群内的虚拟机才可以开启 HA 功能，如图 2-140 所示。

图 2-140 选择开启 HA

（5）在"HA 资源预留""使用专用故障切换主机""集群允许主机故障设置"三种 HA 策略中选择其中一种。

① HA 资源预留：在整个集群内按照配置的值预留 CPU 与内存资源，该资源仅用于虚拟机 HA 功能使用。

② 使用专用故障切换主机：预留指定主机作为专用的故障切换主机，当主机作为故障切换主机时，普通虚拟机禁止在该主机上启动、迁入、唤醒和快照恢复。仅当虚拟机 HA（高可用性）时，系统将根据主机上资源占用情况选择在普通主机或故障切换主机上启动。当勾选"开启自动迁空"复选框时，系统会定期将故障切换主机中的虚拟机迁移到其他有合适资源的普通主机上，以确保为故障切换主机预留资源。

③ 集群允许主机故障设置：设置集群内允许指定数目的主机发生故障，系统定期检查集群内是否留有足够的资源来对这些主机上的虚拟机进行故障切换。当资源不足时、系统会自动上报告警、对用户提出预警，以确保剩余主机的资源足够故障主机上的虚拟机 HA（高可用性）。插槽可理解为虚拟机 CPU、内存资源的基本单元。插槽大小可设置为"自动设置"或"自定义设置"方式。自动设置：系统将根据集群中虚拟机的 CPU 和内存要求，选择最大值、计算出插槽大小。自定义设置：根据用户需要设置插槽中 CPU 和内存的大小。

（6）根据所选的 HA 策略，执行相应的操作，如图 2-141 所示。

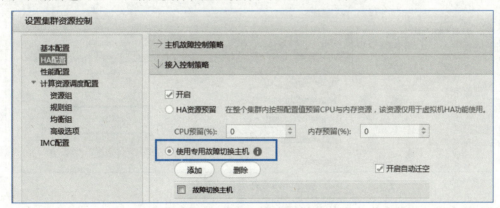

图 2-141 使用专用故障切换主机

- HA 资源预留，执行步骤（7）。
- 使用专用故障切换主机，执行步骤（8）。
- 集群允许主机故障设置，执行步骤（11）。

（7）在"CPU 预留"和"内存预留"微调框中填写预留百分比。

- CPU 预留（%）：集群的 CPU 预留占集群总 CPU 的百分比。
- 内存预留（%）：集群的内存预留占集群总内存的百分比。

该步骤执行完成后，执行步骤（12）。

（8）单击"添加"按钮，弹出"添加故障切换主机"对话框，勾选要添加的主机，单击"确定"按钮，如图 2-142 所示。

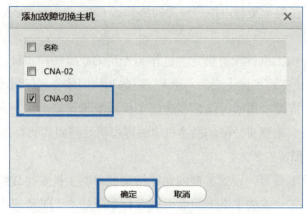

图 2-142 添加故障切换主机

（9）如果要将故障切换主机上的虚拟机迁空，勾选"开启自动迁空"复选框。该步骤执行完成后，执行步骤（12），如图 2-143 所示。

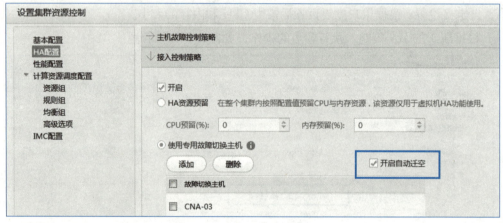

图 2-143 开启自动迁空

（10）当选择"集群允许主机故障设置"时，如图 2-144 所示。

（11）根据如下配置原则，设置故障主机数量和插槽大小。

① 确定插槽大小。插槽可理解为虚拟机 CPU、内存资源的基本单元。

- 自动设置计算插槽大小的方法：

　　CPU 插槽 =MAX( 每个运行虚拟机的 CPU 预留大小 )

　　内存插槽 =MAX( 每个运行虚拟机的内存预留大小 )

- 自定义设置：由用户指定插槽大小，集群中某一虚拟机内存、CPU 预留值特别大，其他虚拟机预留值较小时，可根据情况自定义合适的插槽大小来满足多数虚拟机。设置插槽大小后单击"计算"按钮，可查看需要多少个插槽的虚拟机数量和运行的虚拟机总数，根据查看的值可调整设置的插槽大小。

②确定集群总的容量。
- 总容量为可支持的最大插槽数目。
- 每个主机的容量 =MIN( 主机的 CPU 容量 / 插槽大小，主机的内存容量 / 插槽大小 )。
- 集群总的容量为每个主机的容量之和。

③确定集群预留的故障切换容量。
- 集群预留的故障切换容量 = 集群总的容量 − 容量较大的 $N$ 个主机的容量（$N$ 为设置的故障主机个数）
- 根据实际情况设置合适的故障主机数，确保集群预留的故障切换容量大于或等于集群中运行的虚拟机数量（需要的故障切换容量），从而保证足够的 HA 资源。

 说明

例如，集群中有三台主机 CNA1、CNA2、CNA3，主机上可用的 CPU 和内存资源分别为 CNA1（9 GHz、9 GB）、CNA2（9 GHz、6 GB）、CNA3（6 GHz、6 GB），集群中有 5 台已打开电源的虚拟机 VM1、VM2、VM3、VM4、VM5，CPU 和内存预留分别为 VM1（2 GHz、1 GB）、VM2（2 GHz、1 GB）、VM3（1 GHz、2 GB）、VM4（1 GHz、1 GB）、VM5（1 GHz、1 GB）。

如果选择自动设置计算插槽大小，则 CPU 插槽大小为虚拟机 CPU 预留的最大值 2 GHz，内存插槽大小为虚拟机内存预留的最大值 2 GB，主机 CNA1 容量为 MIN(9/2,9/2)=4，主机 CNA2 容量为 MIN(9/2,6/2)=3，主机 CNA3 容量为 MIN(6/2,6/2)=3，集群总容量=4+3+3=10，如果设置故障主机的个数为 1，则集群预留的故障切换容量 =10−4=6，6 大于运行虚拟机的个数 5，可以保证虚拟机 HA 的容量。如果设置故障主机个数为 2，则集群预留的故障切换容量 =10−3−3=3，3 小于运行虚拟机的个数 5，就不能保证虚拟机 HA 的容量。故障主机个数设置为 1 较为合适。

（12）单击"确定"按钮，完成 HA 资源预留设置，如图 2-144 所示。

图 2-144　配置完成后的 HA 信息

(13) 对 CNA-02 进行物理下电,如图 2-145 所示。

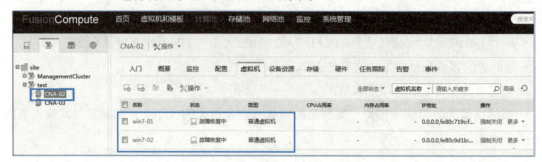

图 2-145  下电

(14) 查看 CNA-03 高可用迁移结果,结果显示 CNA-02 中的 2 台虚拟机在 CNA-03 主机中重新启动,如图 2-146 所示。

图 2-146  迁移结果

## 任务 2-8  调整虚拟机

调整虚拟机

 任务描述

在线调整 Windows 7 虚拟机 CPU 的个数和内存,并且增加虚拟机的磁盘容量。

- 熟悉不同热添加条件下调整 CPU 属性生效的条件;
- 熟悉不同热添加条件下调整虚拟机内存的条件;
- 熟悉不同数据存储类型的扩容。

### 事项需求

- 已登录 FusionCompute;

- 虚拟机的状态为已停止或运行中；
- 待扩容磁盘当前容量需大于或等于 4 GB。

## 知识学习

### 1. 调整 CPU

当虚拟机的 CPU 属性无法满足运行要求时，管理员可通过 FusionCompute，调整虚拟机的 CPU 属性。CPU 热添加策略不同时，调整 CPU 属性生效的条件不同：

- 不启用 CPU 热添加：调整 CPU 资源控制策略时，在线生效；减少 CPU 数量，需离线修改；增加 CPU 数量或减少 CPU 数量时，需重启虚拟机后生效。
- 启用 CPU 热添加：增加 CPU 数量、调整 CPU 资源控制策略时，在线生效；减少 CPU 数量，需离线修改。

> **注意**
> （1）不建议将虚拟机的内核数从单核修改为多核或者从多核修改为单核，否则可能导致虚拟机操作系统异常而无法使用。若仍修改，且虚拟机操作系统为 Windows Server 2003 或其他 Windows，则需在修改后，登录虚拟机并手动修改 CPU 驱动。
> （2）为保证虚拟机的计算性能，建议虚拟机的内核数不能超过主机的物理 CPU 核数。
> （3）支持 CPU 热添加的操作系统和设置 CPU 热添加的操作。

调整 CPU 需重启虚拟机，生效时会中断虚拟机的业务运行，在业务量低的时候进行操作。

### 2. 调整内存

当虚拟机的内存规格无法满足运行要求时，管理员可通过 FusionCompute 调整虚拟机内存的大小、份额和预留值。

内存热添加策略不同时，调整虚拟机内存的大小、份额和预留值生效的条件不同：

- 不启用内存热添加：调整内存资源控制策略时，在线生效；减少内存值，需离线修改；增加内存值，需重启生效。
- 启用内存热添加：增加内存值时，在线生效；减少内存值，需离线修改。

由于虚拟机显存大小是从虚拟机配置的内存中分配的，所以会出现虚拟机内部查看到的内存大小比虚拟机实际配置的内存规格小。例如，虚拟机配置内存规格为 4 GB，由于默认显卡的显存大小为 8 192 KB，所以虚拟机内部实际可用的内存为 $[(4×1024-8)/1024]$ GB，即实际可用内存为 3.99 GB。

当内存热添加没有启用时，调整内存大小需重启虚拟机，会导致该虚拟机的业务中断，建议知会业务管理员，并在业务量低的时候进行操作。

> **说明**
>
> 对运行中且开启内存热添加的虚拟机增加内存时,有如下约束:
> (1)增加内存时必须在原来内存大小的基础上增加 1 024 MB 的整数倍。
> (2)虚拟机初始内存必须小于或等于 31 GB。
> (3)累计增加的内存总和不能大于 32 GB。

### 3. 增加磁盘容量

该任务指导系统管理员通过 FusionCompute,增加虚拟机单个磁盘的容量,实现数据磁盘扩容。虚拟机处于"已停止"或"运行中"状态时,才可以进行磁盘扩容。当磁盘所属的数据存储类型为虚拟化本地硬盘、虚拟化 SAN 存储、NAS 存储或 FusionStorage 时,才能增加磁盘容量;当磁盘所属的数据存储类型为 NAS 存储,且磁盘的配置模式为"普通"时,不支持在线增加磁盘容量;当磁盘所属的数据存储类型为 FusionStorage 时,在线增加磁盘容量需关闭虚拟机后再启动虚拟机生效;当磁盘所属的数据存储类型为虚拟化本地硬盘、虚拟化 SAN 存储、NAS 存储时,在线增加磁盘容量,操作系统(如 Windows Server 2003/2008、Windows 7)可直接生效,其余操作系统需重启虚拟机生效;当磁盘模式为"独立 - 非持久"时,不支持在线增加磁盘容量。以下情况不支持磁盘扩容:

- 磁盘为共享磁盘、内存交换磁盘或者差分磁盘时不支持扩容。
- 虚拟机模板、容灾虚拟机或者使用 xcopy 功能克隆的虚拟机不支持扩容。

## 任务实施

### 1. 调整 CPU

(1)在 FusionCompute 中,选择"虚拟机和模板"选项卡,如图 2-147 所示。

图 2-147 选择"虚拟机模板"选项卡

项目 2　虚拟化平台搭建

(2) 选择"虚拟机",输入查询条件,并单击"搜索"按钮,显示查询结果。可选查询条件包括:虚拟机名称、IP 地址、MAC 地址、虚拟机 ID、描述、虚拟机唯一标识,如图 2-148 所示。

图 2-148　虚拟机信息

(3)(可选)选择"虚拟机"选项卡,单击虚拟机列表上方的"高级"按钮,输入或选择查询条件,并单击"搜索"按钮。显示查询结果。可选查询条件包括:IP 地址、虚拟机 ID、虚拟机名称、MAC 地址、描述、虚拟机唯一标识、Tools 状态、所属集群/主机、类型、状态。其中,类型为"容灾虚拟机"和"占位虚拟机"的虚拟机仅在主机复制容灾场景存在。

(4) 单击待调整的虚拟机名称,显示"概要"选项卡,如图 2-149 所示。

图 2-149　虚拟机"概要"选项卡

113

(5) 选择"硬件"选项卡，单击"CPU"图标，进入"CPU"页面，如图 2-150 所示。

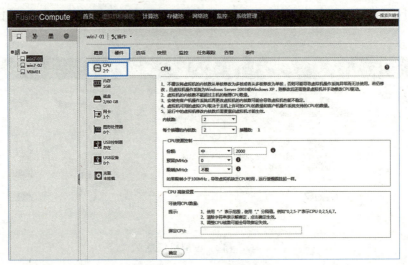

图 2-150　CPU 页面

(6) 选择虚拟机内核数。

① 当虚拟机的操作系统为 Windows Server 2003 或其他 Windows，且 CPU 从单核修改为多核，或是从多核修改为单核时，需登录虚拟机，并手动修改 CPU 驱动。

② 为保证虚拟机的计算性能，虚拟机的内核数不能超过主机的物理 CPU 核数。

③ 运行中的虚拟机修改内核数后需要重启虚拟机才能生效。

(7) 设置每个插槽的内核数。

每个插槽的内核数：当集群的高级设置开启了"GuestNUMA"时有效。设置虚拟机的 CPU 可平均分为多组，每组的一个或多个 CPU 内核由一个物理 CPU 的一个或多个内核来提供。每组的 CPU 数量即为每个插槽的内核数。不同虚拟机操作系统支持的插槽数和每个插槽的内核数不同，须以操作系统实际能力为准。

(8) 设置虚拟机 CPU 资源控制。

① CPU 资源份额：表示在资源处于竞争情况下，虚拟机获得 CPU 资源的权重。份额定义了虚拟机的相对优先级或重要性。例如，如果某一虚拟机的资源份额是另一虚拟机的两倍。这台虚拟机将优先消耗两倍的资源。

② CPU 资源预留（MHz）：虚拟机获得的最低计算能力。例如，CPU 个数配置为 1 时，预留量配置为 2 000，则虚拟机可获得的计算能力不低于 2 000 MHz。

③ CPU 资源限制（MHz）：虚拟机获得的最大计算能力。例如，CPU 个数配置为 1 时，限制值配置为 2 000，则虚拟机可获得的最大计算能力为 2 000 MHz。

(9) 如需在"CPU 高级设置"中设置虚拟机与 CPU 绑定，用以限定虚拟机使用主机 CPU 资源的范围。

(10) 单击"确定"按钮。弹出提示框。

(11) 单击"确定"按钮。在"任务跟踪"选项卡中可查看任务进度,如图 2-151 所示。

图 2-151 提交任务

(12) 重启虚拟机,如图 2-152 所示。

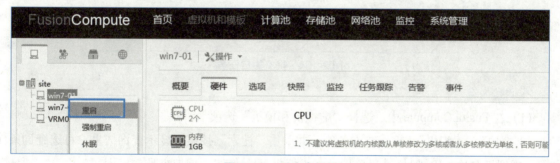

图 2-152 重启虚拟机

 注意

重启虚拟机会导致虚拟机的业务中断,建议知会业务管理员,并在业务量低的时候进行操作。

(13) 判断是否需要重启虚拟机,使 CPU 调整生效。

①虚拟机的状态为"运行中",CPU 热添加策略为"不启用"且调整了 CPU 数量,执行步骤(14)。

②虚拟机的状态为"运行中",CPU 热添加策略为"启用 CPU 热添加"且减少了 CPU 数量,执行步骤(14)。

③其他情况无需重启虚拟机,该任务结束。

(14)在页面上方选择"操作"→"重启"选项。弹出提示对话框,如图 2-153 所示。

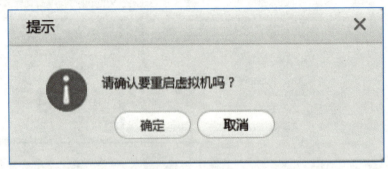

图 2-153　确定重启

(15)单击"确定"按钮,弹出提示对话框,在"任务跟踪"选项卡中可查看任务进度,如图 2-154 所示。

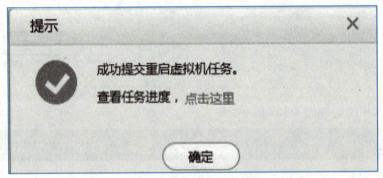

图 2-154　提交重启任务

### 2. 调整内存

(1)在 FusionCompute 中,选择"虚拟机和模板"选项卡。

(2)选择"虚拟机",输入查询条件,并单击"搜索"按钮。显示查询结果。可选查询条件包括:虚拟机名称、IP 地址、MAC 地址、虚拟机 ID、描述、虚拟机唯一标识。

(3)(可选)选择"虚拟机"选项卡,单击虚拟机列表上方的"高级"按钮,输入或选择查询条件,并单击"搜索"按钮。显示查询结果。可选查询条件包括:IP 地址、虚拟机 ID、虚拟机名称、MAC 地址、描述、虚拟机唯一标识、Tools 状态、所属集群/主机、类型、状态。其中,类型为"容灾虚拟机"和"占位虚拟机"的虚拟机仅在主机复制容灾场景存在。

(4)单击待调整的虚拟机名称。显示"概要"选项卡。

(5)在"硬件"选项卡中,单击"内存"图标。进入"内存"页面,如图 2-155 所示。

# 项目 2　虚拟化平台搭建

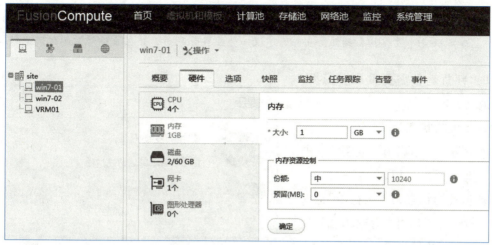

图 2-155　"内存"页面

（6）输入虚拟机内存大小，如图 2-156 所示。

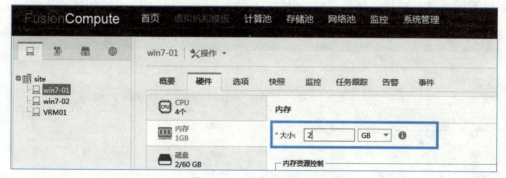

图 2-156　调整内存大小

> **说明**
>
> 由于 Linux 系统的限制，对运行中的 Linux 虚拟机若初始内存小于 3 GB，则内存热添加时内存值最大只能达到 3 GB；若初始内存等于 3 GB，则不能进行内存热添加。

（7）设置虚拟机内存资源控制。

①内存资源份额：表示在资源处于竞争情况下，虚拟机获得内存资源的权重。份额定义了虚拟机的相对优先级或重要性。例如，如果某一虚拟机的资源份额是另一虚拟机的两倍，这台虚拟机将优先消耗两倍的资源。

②内存资源预留（MB）：虚拟机预留的最低物理内存。

（8）单击"确定"按钮，如图 2-157 所示。

（9）弹出提示框。单击"确定"按钮。完成调整虚拟机的内存规格。在"任务跟踪"选项卡中可查看任务进度。

**注意**

重启虚拟机会导致虚拟机的业务中断,建议知会业务管理员,并在业务量低的时候进行操作。

(10)判断是否需要重启虚拟机,使内存调整生效。

①虚拟机的状态为"运行中",内存热添加策略为"不启用"且调整了内存大小,执行步骤(11)。

②虚拟机的状态为"运行中",内存热添加策略为"启用内存热添加"且减少了内存值,执行步骤(11)。

③其他情况无须重启虚拟机,该任务结束。

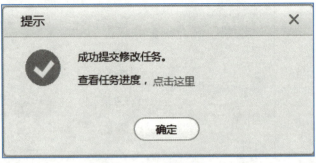

图 2-157 提交任务

(11)在页面上方选择"操作"→"重启"选项,如图 2-158 所示,弹出对话框。

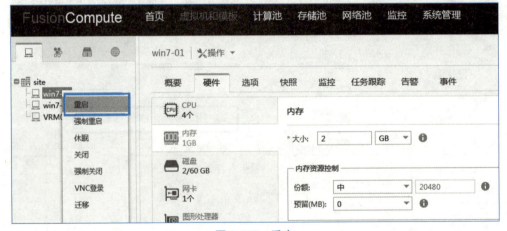

图 2-158 重启

(12)单击"确定"按钮,弹出提示框,如图 2-159 所示。

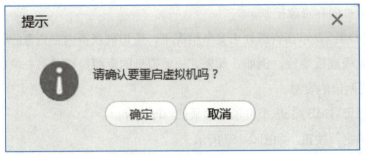

图 2-159 确定重启虚拟机

(13)单击"确定"按钮,在"任务跟踪"选项卡中可查看任务进度。

### 3. 增加磁盘容量

(1) 在 FusionCompute 中，选择"虚拟机和模板"选项卡。

(2) 选择"虚拟机"，输入查询条件，并单击"搜索"按钮。显示查询结果。可选查询条件包括：虚拟机名称、IP 地址、MAC 地址、虚拟机 ID、描述、虚拟机唯一标识。

(3)（可选）选择"虚拟机"选项卡，单击虚拟机列表上方的"高级"按钮，输入或选择查询条件，并单击"搜索"按钮。显示查询结果。可选查询条件包括：IP 地址、虚拟机 ID、虚拟机名称、MAC 地址、描述、虚拟机唯一标识、Tools 状态、所属集群/主机、类型、状态。其中，类型为"容灾虚拟机"和"占位虚拟机"的虚拟机仅在主机复制容灾场景存在。

(4) 单击待增加磁盘容量的虚拟机名称。显示"概要"选项卡。

(5) 选择"硬件"选项卡，单击"磁盘"图标，进入"磁盘"页面，如图 2-160 所示。

图 2-160 "磁盘"页面

(6) 在磁盘所在行，选择"更多"→"调整容量"选项，弹出"调整容量"对话框，如图 2-161 所示。

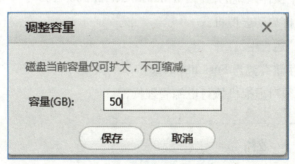

图 2-161 "调整容量"对话框

(7) 输入调整后的容量大小，磁盘容量只能增加，不能减少。

 说明

当现有磁盘容量小于 2 048 GB 时，只能增加至 2 048 GB，当大于 2 048 GB 时，可以增加至 65 536 GB。

磁盘的容量范围为：

- 虚拟化 SAN 存储、NAS 存储 1～65 536（GB）。
- 虚拟化本地硬盘：1～2 048（GB）。
- FusionStorage：1～32 768（GB）。

（8）单击"保存"按钮。弹出提示对话框。

（9）单击"确定"按钮，完成增加磁盘容量，如图 2-162 所示。在"任务跟踪"选项卡中可查看任务进度。

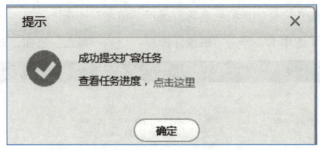

图 2-162　提交任务

（10）重启虚拟机或关闭虚拟机后再启动虚拟机，使增加磁盘容量生效。对虚拟机的操作分三种情况：

①需重启虚拟机。

- 虚拟机的状态为"运行中"。
- 磁盘所属的数据存储类型为虚拟化本地硬盘、虚拟化 SAN 存储或 NAS 存储。
- 操作系统不为以下操作系统的一种：Windows Server 2003/2008、Windows XP、Windows 7。

②需关闭虚拟机后再启动虚拟机。

- 虚拟机的状态为"运行中"。
- 磁盘所属的数据存储类型为 FusionStorage。

③可直接生效，无须对虚拟机执行电源管理操作。

## 小　　结

本项目作为华为云计算虚拟化平台的操作入门，针对小型企业，设计一个最简单的云计算基础服务平台，由三台云主机组成的集群，这个平台基本反映了大部分小型企业私有云平台部署需求，适合作为入门学习。

本项目的内容分为三大部分，第一部分为云平台的安装，包括华为云主机系统 CAN 的安装

项目 2　虚拟化平台搭建

和虚拟化资源管理组件 VRM 的安装；第二部分为将计算资源、网络资源和存储资源整合到一个集群中；第三部分为虚拟机的创建与管理，包括创建虚拟机、创建虚拟机模板和使用模板创建虚拟机，虚拟机的热迁移和在集群中配置高可用性（HA），实现故障转移，配置调试策略实现负载均衡，另外是虚拟机资源调整。

通过本项目的学习，读者可能搭建一个简单的私有云平台，并运用这个平台云创建和安装业务所需的各类服务器，也能对业务虚拟机进行调整和管理。

## 习　题

### 一、判断题

1. 通过 FusionSphere 的内存复用技术，整个物理服务器上的所有虚拟机使用的内存总量可以超过该服务器的内存总量。　　　　　　　　　　　　　　　　　　　　　　　　（　　）

2. FusionCompute 中的内存交换是指将内存虚拟成外部存储给虚拟机使用，将虚拟机暂时不用的数据存放到外部存储上，当系统需要使用这些数据时，再与预留在内存上的数据进行交换。
　　　　　　　　　　　　　　　　　　　　　　　　　　　　　　　　　　　　（　　）

3. 在 FusionCompute 中，多台虚拟机使用同一个共享磁盘时，如果同时写入数据，有可能会导致数据丢失，若使用共享磁盘，需要保证应用软件对磁盘的访问控制。　　（　　）

4. 在 FusionCompute 中，管理员将 CNA 主机的两个网卡通过主备模式绑定，其数据传输速率等于两个网口的传输速率之和。　　　　　　　　　　　　　　　　　　　　（　　）

5. 在华为 FusionSphere 中，虚拟机内部删除数据后，磁盘大小不会自动缩减，下次用户再写入时，会利用这些内部释放出来的空间。　　　　　　　　　　　　　　　　（　　）

### 二、单选题

1. 部署 VRM 时，一般推荐将 VRM 部署在（　　）存储上。
　　A. 本地磁盘　　　　　　　　　　B. FC SAN
　　C. IP SAN　　　　　　　　　　　D. NAS

2. 在华为 FusionSphere 中的 DVS 对应传统网络中的（　　）设备。
　　A. 分线器　　　　　　　　　　　B. 三层交换机
　　C. 二层交换机　　　　　　　　　D. 集线器

3. 在 FusionCompute 中，以下制作模板的方式不正确的是（　　）。
　　A. 虚拟机转为模板　　　　　　　B. 快照转为模板
　　C. 虚拟机克隆为模板　　　　　　D. 模板克隆为模板

4. 管理员在 FusionCompute 中为主机添加存储的典型步骤是（　　）。

A. 添加主机存储接口→关联存储资源→扫描存储设备→添加数据存储

B. 关联存储资源→添加主机存储接口→扫描存储设备→添加数据存储

C. 添加数据存储→添加主机存储接口→关联存储资源→扫描存储设备

E. 添加主机存储接口→关联存储资源→添加数据存储→扫描存储设备

5. 在华为 FusionSphere 中,以下(　　)组件主要提供资源虚拟化和虚拟化资源池管理功能。

A. FusionManager　　　　　　　　B. FusionCube

C. FusionCompute　　　　　　　　D. FusionStorage

## 三、多选题

1. 业界主流虚拟化的实现机制有(　　)。

A. 寄居虚拟化　　　　　　　　　B. 裸金属虚拟化

C. 全虚拟化　　　　　　　　　　D. 半虚拟化

E. 硬件辅助虚拟化

2. 在华为 FusionSphere 中,内存复用实现的方式有(　　)。

A. 内存置换　　　　　　　　　　B. 内存增大

C. 内存共享　　　　　　　　　　D. 内存气泡

3. 以下是 FusionSphere 特点的是(　　)。

A. 应用按需分配资源　　　　　　B. 广泛兼容各种软硬件

C. 自动化调度　　　　　　　　　D. 丰富的运维管理

4. 在华为 FusionSphere 中,为主机添加(　　)存储资源后,虚拟机的一个磁盘对应存储中的一个 LUN。

A. FusionStorage　　　　　　　　B. 高级 SAN(Advanced SAN 存储)

C. FC SAN　　　　　　　　　　　D. IP SAN

5. 在 FusionCompute 上部署虚拟机的方式有(　　)。

A. 复制　　　　　　　　　　　　B. 模板转换

C. 直接创建　　　　　　　　　　D. 克隆

6. 在 FusionCompute 中,VRM 提供的功能有(　　)。(多选)

A. 管理集群内的块存储资源

B. 管理集群内的网络资源(IP/VLAN/DHCP),为虚拟机分配 IP 地址

C. 通过对虚拟资源、用户数据的统一管理,对外提供弹性计算、存储、IP 等服务

D. 管理计算节点上的计算资源

7. 在 FusionCompute 中进行热迁移时,虚拟机和主机必须满足的条件有(　　)。(多选)

A. 虚拟机的运行状态为"已停止"　　B. 源主机和目标主机网络相通

C. 虚拟机的运行状态为"运行中"　　D. 源主机和目标主机使用一个共享存储

## 四、思考题

1. 安装 VRM 时，选择主备安装与单节点安装有什么不同的地方？

2. 运行 VRM 安装向导的 PC，如果与 CNA 主机不在同一网段内，但能相互 ping 通。可以正常安装 VRM 管理平台吗？

3. DVS 能否跨主机存在？一台主机最多可以创建多少 DVS？属于同一端口组，处于不同主机上的两台 VM 如何通信？

4. 在将虚拟机转为模板的操作中，转为"模板"与"克隆为模板"有何不同？

## 项目实训 2　安装云操作系统 CAN 和虚拟化资源管理平台 VRM

### 一、实训目的

① 掌握云操作系统 CAN 的安装；

② 掌握云虚拟化资源管理平台 VRM 的安装；

③ 掌握三层交换网络配置。

### 二、实训环境要求

① 准备好云服务器 2～3 台、准备好物理光驱；

② CNA 安装镜像，软件为 FusionCompute_V100R006C00_CNA.iso；

③ 本地 PC 已安装火狐浏览器，版本号为 Firefox_46.0.1。

### 三、实训内容

① 在物理服务器上配置 RAID 控制卡，实现系统安装盘采用 RAID1，数据磁盘使用；

② 使用光驱在物理服务器上安装 CNA 操作系统。

③ 通过统一安装工具在虚拟机上安装 VRM。

按表 2-12 中要求配置：

表 2-12　配置要求

| 组件 | 主机名 | IP 地址规划 | 子网掩码 | 网关 |
| --- | --- | --- | --- | --- |
| CNA-01 | CNA-01 | 192.168.100.110 | 255.255.255.0 | 192.168.100.1 |
| CNA-02 | CNA-02 | 192.168.100.120 | 255.255.255.0 | 192.168.100.1 |
| CNA-03 | CNA-03 | 192.168.100.130 | 255.255.255.0 | 192.168.100.1 |
| VRM | VRM | 192.168.100.111 | 255.255.255.0 | 192.168.100.1 |

## 项目实训 3　管理虚拟化资源：计算虚拟化、网络虚拟化和存储虚拟化

### 一、实训目的

①学会在 VRM 管理平台上进行资源管理及系统配置；
②掌握创建集群，接入 CNA 主机；
③学会创建分布式虚拟交换机（DVS），创建端口组；
④学会对网络资源进行调整和配置；
⑤掌握使用 Windows Server 2012 创建 iSCSI 存储资源；
⑥学会添加数据存储主机，并创建磁盘。

### 二、实训环境要求

①已安装 FusionCompute 中 CNA 主机；
②已安装 FusionCompute 中 VRM 组件；
③提供 Windows Server 2012 共享存储设备一台；
④存储设备与服务器物理网络互通。

### 三、实训内容

①登录 VRM 管理平台，创建集群、添加主机；
②在集群中创建分布式虚拟交换机，实现网络虚拟化；
③在主机中添加存储接口，实现主机与存储设备对接；
④在云数据中心中创建 iSISC 存储资源；
⑤将数据存储添加到主机，从而在数据存储上创建虚拟磁盘。

## 项目实训 4　创建和管理虚拟机

### 一、实训目的

①学会创建虚拟机并安装操作系统；
②学会将虚拟机转为模板并使用模板快速部署虚拟机；
③掌握无挂载磁盘更改主机的热迁移；
④掌握有挂载磁盘更改数据存储的热迁移；
⑤掌握配置和测试集群中的 HA；
⑥学会动态资源调度策略实施；
⑦熟悉不同热添加条件下调整虚拟机的 CPU 和内存属性；

## 项目 2　虚拟化平台搭建

⑧熟悉虚拟机不同数据存储类型的扩容。

### 二、实训环境要求

①已安装 FusionCompute 中 CNA 主机；

②已安装 FusionCompute 中 VRM 组件；

③已经配置网络和公共存储；

④准备好虚拟机操作系统镜像文件。

| 系统镜像 | cn_windows_7_professional_x64_dvd_x14-65791.iso |
| --- | --- |
| | Windows Server 2008 R2 Standard 64bit |
| | CentOS 7.0 64bit |

### 三、实训内容

①按表 2-13 要求创建虚拟机 VM1~VM4：创建具有相同端口组、规格相同，系统盘都使用共享虚拟化存储精简模式。

表 2-13　虚拟机配置要求

| 虚拟机 | 所在主机 | Tools | 系统盘 | 数据盘 |
| --- | --- | --- | --- | --- |
| Win2008R2 | CNA02 | 安装 | 20 GB（CNA02-02） | |
| VM1（使用模板创建） | CNA02 | 安装 | 20 GB（CNA02-01） | 10 GB（磁盘 D1） |
| VM2（使用模板创建） | CNA03 | 安装 | 20 GB（虚拟化共享存储） | 10 GB（磁盘 D2） |
| VM3（Windows 7） | CNA01 | 安装 | 20 GB（虚拟化共享存储） | 10 GB（磁盘 D3） |
| VM4（CentOS 7） | CNA01 | 不安装 | 10 GB（虚拟化共享存储） | 10 GB（磁盘 D4） |

②将一台在主机 CNA02 上已经创建好的 VM1 虚拟机从 CNA02-01 上的数据存储迁移至公共存储（IP SAN-4-raid0），虚拟机从主机 CNA02 迁移至主机 CNA03。

③改变主机和数据存储的迁移：将虚拟机 VM2 从主机 CNA03 迁移至主机 CNA02 的 CNA02-02。

④在集群中配置高可用性和调度策略，模拟计算节点 CNA03 或节点上的虚拟机出现故障，测试系统自动将故障的虚拟机在正常的计算节点上重新启动，使故障虚拟机快速恢复。

⑤在线调整 Windows 7 虚拟机 CPU 的个数和内存，并且增加虚拟机的磁盘容量。

> **拓展阅读**　中国"龙芯"

### 开机 14 秒，龙芯力挺中国速度

龙芯 3A5000 桌面终端（同方超锐 L860-T2）开机突破 14 秒，刷新了国产计算机最新速度！

从按下电源键到屏幕显示出操作系统登录界面，这短短的 14 秒是中国速度，背后是基础软硬件整体优化后的成绩，更是中国信息产业各方同舟共济、团结一心的结果。

本次项目，龙芯协同同方、统信、昆仑攻坚团队针对主板初始化、系统响应等问题，制定了 OS 快速启动优化方案，实现了 BIOS 内部复制代码加速部分功能，并与中电科技以及 ODM 厂商对 BIOS 固件进行了联合调试，同时协助统信软件实施部署，有效保证了同方超锐 L860-T2 开机速度大幅缩短至 14 秒。此次攻关实现了产品化方案，全力打造龙芯平台笔记本计算机的标杆产品。

龙芯 3A5000 是龙芯中科 2021 年发布的新一代桌面 CPU 平台，采用 LoongArch 自主指令系统架构，完全自主，无须国外授权，主频 2.3~2.5 GHz，包含 4 个 LA464 处理器核心。性能上，在 GCC 编译环境下，龙芯 3A5000 SPEC CPU 2006 的定点、浮点单核 Base 分值均达到 26 分以上，基于国产操作系统的龙芯 3A5000 桌面系统的 Unixbench 单线程分值达 1700 分以上，已逼近市场主流桌面 CPU 水平，可有效支撑超锐 L860-T2 在内的计算机终端应用于各企事业单位高效办公。

# 项目 3

# 云平台管理实施

## 3.1 项目导入

云计算中的运营涉及的内容是基础、服务和目的,基础主要是指基于资源池提供的云资源和非云资源,服务主要是指提供可高度定制的数据业务中心,目的则是实现服务统一编排和自动化管理。通过运营可以解决传统数据中心资源利用率低、管理复杂、成本高、服务水平难以保证以及业务管理粗放等弊端。华为云计算 FusionSphere 虚拟化解决方案主要是通过它的 FusionManager 组件实现同构 FusionComputer 和异构 vCenter 虚拟化多资源池管理,进行软硬件统一告警监控,提高运营效率。

本项目通过在 FusionComputer 中创建虚拟机来安装 FusionManager,然后接入物理资源和虚拟化资源,对项目 2 中云数据中心的物理资源和虚拟化资源进行管理。本项目针对资源管理层常见的应用设计了 FusionManager 的安装、在管理员视图添加管理资源、创建和管理 VDC 和 VPC 等三个任务。读者可以通过实施这些任务掌握如何搭建一个 FusionManager 云数据管理平台和如何进行虚拟机业务发放,进而更好地理解 FusionManager 的特点和功能。

## 3.2 职业能力目标和要求

- 理解 FusionManage 在云计算中的定位和总体逻辑架构;
- 理解 VDC、VPC 的概念;

- 了解 VPC 各种网络连接类型；
- 掌握 FusionManager 的安装方法；
- 学会接入虚拟化环境以及相关操作；
- 学会创建可用分区；
- 学会创建 VDC 和创建 VDC 用户并登录管理端；
- 学会创建 VPC，进行虚拟机自动发放；
- 具有大国工匠精神。

## 3.3 相关知识

### 3.3.1 FusionManager 定位

FusionManager 提供服务管理、服务自动化、资源和服务保证等功能，如图 3-1 所示。从底层接入来看，FusionManager 可以接入物理资源、华为和第三方的虚拟化软件、桌面云、云存储和各种云服务。其中物理资源包括计算设备、存储设备和网络设备；从上层提供的功能来看，FusionManager 可以为用户提供 ITaaS 的多样化的功能和体验；从 FusionManager 本身提供的功能来看，FusionManager 提供了虚拟和物理资源接入、资源自动化管理及资源的可用性和安全性保障等。因此，FusionManager 的定位是以云服务自动化管理和资源智能运维为核心，为用户带来"敏捷、精简"的云数据中心管理体验。

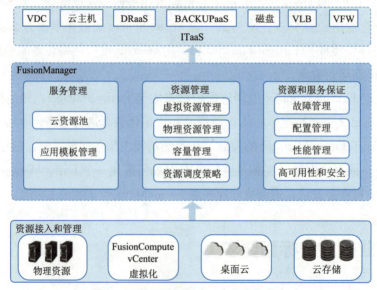

图 3-1 FusionManager 产品定位示意

## 3.3.2 FusionManager 简介

FusionManager 逻辑架构如图 3-2 所示。

图 3-2 FusionManager 的总体逻辑架构

在图 3-2 中,逻辑架构中的接口与协议见表 3-1。

表 3-1 接口与协议

| 接口编号 | 接口类型 | 涉及的子系统 | 功能说明 |
| --- | --- | --- | --- |
| IF-1 | REST 接口 | FusionManager<->上级网管 | FusionManager 通过 REST 接口和上级网管通信,例如,上报告警和性能指标统计等。另外,FusionManager 通过 HTTP 或 HTTPS 和上级网管进行身份认证和鉴权 |
| IF-2 | SNMP、IPMI、SSH、HTTP、HTTPS、TLV 或 SMI-S | FusionManager<->计算设备、存储设备、网络设备 | 计算、存储和网络设备可以通过 SNMP、IPMI、SSH、HTTP、HTTPS、TLV 或 SMI-S 接入 FusionManager |
| IF-3 | REST、SOAP 接口 | FusionManager<->第三方运营或运维系统 | FusionManager 北向接口,提供通用资源管理、虚拟机管理、备份管理、磁盘管理、网络管理等业务功能 |
| IF-4 | REST 接口 | Local FusionManager<->ServiceCenter | Local FusionManager 通过 REST 接口与 ServiceCenter 相连 |

FusionManager 作为面向硬件设备、虚拟化资源与应用的管理软件,通过把多个虚拟化环境集合成一个云资源池对云资源池中的计算资源池、存储资源池和网络资源池进行统一管理,并根据业务需求为云资源池配置网络资源。为了更好地学习本项目中的内容,先要了解一下 FusionManager 用户管理特性、业务发放过程和资源模型、VPC 中的网络等相关知识。

### 1. 用户管理特性

FusionManager 把自己管理的资源划分成若干等份,每等份就是一个 VDC(Virtual Data Centers)虚拟数据中心。例如,一个公司拥有所有云资源,每个部门分得一个 VDC,VDC 中包含这个部门可以使用的虚拟资源,包括计算资源、存储资源和网络资源。每个部门有自己的管理员和业务员,业务员根据自己的需求创建虚拟机和相关业务,管理员则负责业务审批和修改。图 3-3 所示为用户模型,图中用户模型中各对象的关系见表 3-2。

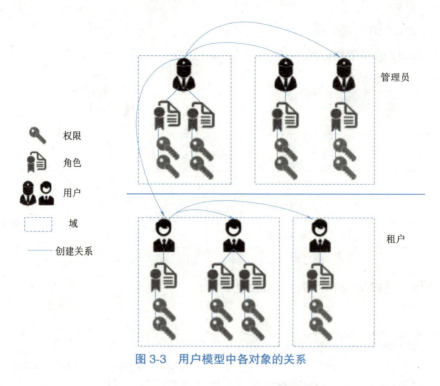

图 3-3 用户模型中各对象的关系

表 3-2 用户模型解析

| 对象 | 说 明 |
|---|---|
| 权限、角色、用户 | （1）权限是产品功能使用权限的细分，针对某一对象，均可以划分为查看、创建、修改、删除等操作权限。用户可以拥有相同的权限，也可以拥有不同的权限。<br>（2）角色是一系列操作权限的集合。每个角色分别对应了不同的权限。通过角色可以为不同的用户赋予不同的权限。<br>用户是对管理员和租户的统称 |
| 用户、域 | 域用于对资源进行分类。域可以是地域或行政区域，由管理员自行定义。将用户和资源均划分到域中，则该域中的资源只有该域中的用户才有管理和维护的权利 |
| 管理员、租户 | 根据用户权限的不同，将所有用户分为两大类，即管理员和租户。<br>（1）管理员负责系统资源的维护、管理和分配。使用管理员视图的操作界面。<br>（2）租户使用管理员分配的资源发放业务。使用租户视图的操作界面。普通模式下，租户根据权限的不同，分为 VDC 管理员和 VDC 业务员。<br>• vdcmanager：VDC 管理员，具有业务管理类的所有权限。<br>• user：VDC 业务员，默认的业务管理角色，具有首页、资源、应用管理、监控视图、任务中心权限，不具有用户权限、操作日志权限，不具有 VPC（除安全组和弹性 IP 业务）的操作权限，但具有 VPC 的查看权限 |
| 创建关系 | （1）管理员：在管理员视图，有用户操作权限的管理员可以创建其他管理员和租户。<br>（2）租户：在租户视图，有用户操作权限的租户，可以创建其他租户。<br>（3）管理员兼任租户：在管理员视图，有用户操作权限的管理员可以将其他管理员同时设置为租户，即兼任租户的管理员既能使用管理员视图操作界面，也可以使用租户视图操作界面 |

## 项目 3　云平台管理实施

**2. 业务发放过程和资源模型**

FusionManager 的业务发放过程大致为：首先，通过对多个数据中心安装 FusionManager 整合资源；再将资源划分为若干组织；然后，通过组织细分为若干 VDC，在每个 VDC 下可以划分为若干 VPC，最后业务在 VPC 中发放。

资源模型如图 3-4 所示，该模型中自下至上各层的含义，以及层与层之间的关系见表 3-3。

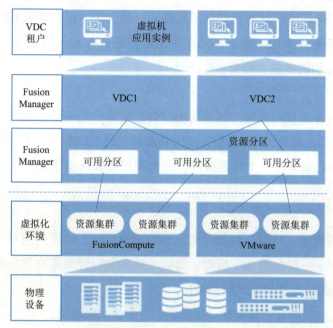

图 3-4　资源模型

表 3-3　资源模型

| 层　级 | 操作人员 | 说　明 |
| --- | --- | --- |
| 物理设备 | 硬件维护人员 | 机房中的物理设备，包括服务器、存储设备、网络设备等 |
| 虚拟化环境 | FusionCompute 管理员<br>VMware 管理员 | 虚拟化软件（FusionCompute、VMware）将物理设备提供的资源虚拟化为虚拟资源。FusionSphere 解决方案可以同时兼容 FusionCompute 和 VMware 虚拟化环境 |
| FusionManager | FusionManager 管理员 | 将虚拟化环境接入 FusionManager 的资源分区中，并将虚拟化环境中的资源集群关联至资源分区中，即可将虚拟化环境中虚拟资源由 FusionManager 统一管理和分配。<br>将资源分区中接入的虚拟资源，按照资源集群的属性和性能，划分为可用分区。这样便可消除不同虚拟化环境之间的差异，将来源不同的虚拟化资源重新组成资源单元。<br>一个资源集群只能分给一个可用分区。一个可用分区可以包含多个资源集群，但一个可用分区中的资源集群必须来自一个虚拟化环境 |
| FusionManager | FusionManager 管理员 | 根据业务需求，将可用分区划分为多个 VDC，提供给租户使用。每个 VDC 中存在多个租户，这些租户共同使用该 VDC 下的虚拟资源。<br>一个可用分区可以分配给多个 VDC |

相关概念如下：

1）虚拟化环境

由虚拟化软件（FusionCompute、VMware）将物理设备所提供的计算资源、存储资源、网络资源转换为虚拟化资源。

2）资源集群

资源集群是虚拟化环境中具有相同资源属性的计算资源、存储资源和网络资源的组合。资源集群只有关联至资源分区后，才会显示在资源池界面；在加入可用分区后，其资源才能被FusionManager用于虚拟机或应用的发放。

3）资源分区

资源分区是面向管理员的独立二层网络内的资源集合，是云资源池内最大的资源单位。资源分区之间在二层网络层彼此隔离，资源分区内具备独立的VLAN地址段、网络出口、安全设备。一般一个物理数据中心划分为一个资源分区。在大规模部署场景下，一个物理数据中心也可划分为多个资源分区。

4）可用分区

可用分区是物理资源（计算、存储、网络）的逻辑分区，是面向用户的资源的集合，其物理网络是二层互通的。一般按照如下原则，将资源分区中的资源集群划分在同一可用分区。在发放业务时，可根据需要选择使用的可用分区。

- 一个可用分区中的所有资源集群必须来源于一个虚拟化环境。
- 一个可用分区中的所有资源集群使用的存储必须是相同的。
- 一个可用分区中的所有资源集群使用的DVS必须相同。

5）VDC

VDC（Virtual Data Centers）是在FusionManager中使用虚拟资源的单位。提供了与物理数据中心一样体验效果的专属虚拟化资源池。在VDC中可以对计算、存储、网络、容灾与备份、数据库和大数据资源的统一管理。

6）VPC

VPC（Virtual Private Cloud，虚拟私有云）能够为VDC提供安全、隔离的网络环境，定义与传统网络一样的虚拟网络，同时提供弹性IP、路由器等高级网络服务以满足更多的业务部署要求。

3.VPC 中的网络

VPC 分为"共享"和"非共享"两种类型：

（1）共享 VPC，由管理员在管理员视图创建，为系统内所有 VDC 提供网络资源，所有租户均可以使用。包含直连网络和路由网络。

（2）非共享 VPC，即私有 VPC，由租户在租户视图创建，为其所属的 VDC 提供网络资源，仅其所属的 VDC 内的租户可以使用。包含内部网络、直连网络和路由网络。

下面以图 3-5 所示私有 VPC 中的网络为例，进行详细说明。在 VPC 中支持创建三种类型的网络，直连网络、内部网络和路由网络，以满足虚拟机或应用的部署。

① 直连网络：直连网络与外部网络相连，其自身不包含任何网络资源，在直连网络中创建虚拟机时实际使用的是外部网络中的 IP 地址资源，外部网络可以是公司现有网络或者公网。

② 内部网络：独享一个网络资源，与其他网络隔离。在内部网络中可以部署对安全性要求较高的业务，例如，将数据库所在服务器部署在内部网络中，以保证数据安全。

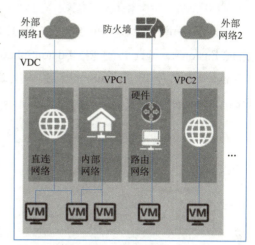

图 3-5　VPC 所支持的网络

③ 路由网络：路由网络具有灵活的互通能力和多种业务功能，可以通过路由模式与 VPC 中的其他路由网络或者 Internet 通信。路由网络还能提供弹性 IP、DNAT、ACL 和 VPN 等服务，以满足更多的业务部署需求。本书中不涉及路由网络内容的实训。

## 3.4　项目实施

### 任务 3-1　FusionManager 的安装

FusionManager 的安装

 **任务描述**

使用 FusionSphere 统一安装工具安装 FusionManager 管理平台。

 **任务目的**

掌握在 FusionCompute 中使用安装工具安装 FusionManager。

 **事项需求**

已获取 FusionCompute 虚拟化平台和 FusionManager 安装包。

### 1. FusionManager 安装流程

推荐使用 FusionSphere 统一安装工具安装 FusionManager。通过 FusionSphere 可以统一完成 FusionManager 的安装。FusionSphere 只支持在 FusionCompute 上安装 FusionManager 和 VSAM。当不使用 FusionSphere 安装工具时，FusionManager 和 VSAM 需要分别进行安装。FusionManager 软件安装流程如图 3-6 所示。

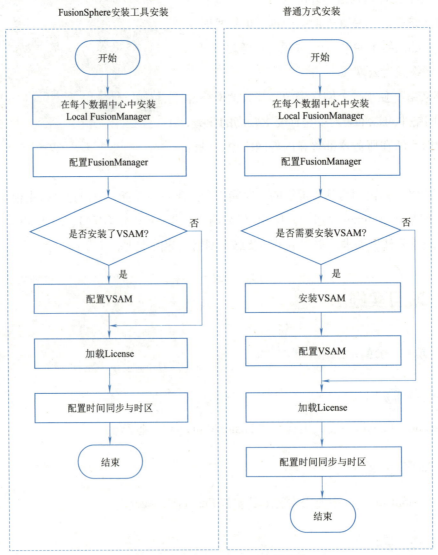

图 3-6 FusionManager 安装流程

### 2. FusionManager 所在虚拟机配置要求

当安装 FusionManager 时，本地 PC 和虚拟机需要满足一定要求，才能确保 FusionManager

的正确安装。Local FusionManager 所在虚拟机的要求如表 3-4 所示。

表 3-4 虚拟机配置要求

| 配置项 | 虚拟机规模<br>(200 VM 以下) | 虚拟机规模<br>(200~1 000 VM) | 虚拟机规模<br>(1 000~10 000 VM) | 虚拟机规模<br>(10 000~80 000 VM) |
| --- | --- | --- | --- | --- |
| 创建位置 | 在 FusionCompute 中选择规划的固定主机,勾选"与所选主机绑定"复选框,选择"始终为虚拟机预留资源"。在 VMware 虚拟化环境中部署时,无须绑定主机 | | | |
| 虚拟机名称 | 规划的 FusionManager 虚拟机名称 | | | |
| 操作系统类型 | Linux | | | |
| 操作系统版本号 | Novell SUSE Linux Enterprise Server11 SP3 64bit | | | |
| vCPU(个) | 4 | 4 | 8 | 10 |
| 内存 | 6 GB | 12 GB | 16 GB | 20 GB |
| 磁盘 | 1 个,80 GB | 1 个,80 GB | 1 个,80 GB | 1 个,100 GB |
| | 当虚拟化环境为 FusionCompute 时,推荐使用非虚拟化的本地硬盘和非虚拟化的 SAN 存储。优先使用非虚拟化的本地硬盘。磁盘的配置模式选择"普通"或"普通延迟置零"。并选择"持久"。<br>当虚拟化环境为 VMware 时,推荐使用 VMFS 类型的磁盘。磁盘置备模式选择"厚置备延迟置零"或"厚置备置零" | | | |
| 网卡数(个) | 1 | | | |
| QoS 设置 | 在 FusionCompute 中的 QoS 设置:<br>• 在"虚拟机配置"页面,"虚拟机硬件"选项卡中设置 CPU 的"预留(MHz)"为"vCPU 个数 × 虚拟机所在主机 CPU 的主频值"。<br>• 在"虚拟机配置"页面,"虚拟机硬件"选项卡中设置内存的"预留(MB)"为内存规格值。<br>若其他虚拟化环境不支持内存、CPU 预留设置,则不设置 QoS,否则按照以上要求进行设置 | | | |
| HA | 在 FusionCompute 上创建 FusionManager 虚拟机时,需要勾选"HA"的"启用"复选框。<br>在其他虚拟化环境中,推荐启用其虚拟化环境中的 HA,为了便于维护,须记录 FusionManager 虚拟机的名称 | | | |
| 虚拟机蓝屏策略 | 不处理 | | | |
| 时钟策略 | 不推荐 FusionManager 从主机同步时钟,须配置精确时钟源。在 FusionCompute 上创建 FusionManager 虚拟机时,不勾选"与主机时钟同步"复选框。<br>对于在其他虚拟化环境中部署 FusionManager,为 FusionManager 配置精确外部时钟源 | | | |
| 网络要求 | 使用管理平面的分布式虚拟交换机和端口组 | | | |
| 内存交换磁盘 | 勾选"开启内存交换磁盘"复选框 | | | |
| 其他 | 在 FusionCompute 上创建 FusionManager 虚拟机时,其他参数须使用默认值。<br>对于在其他虚拟化环境中创建 FusionManager 虚拟机,参考相关文档,且其他参数须使用默认值 | | | |

### 任务实施

（1）解压 FusionCompute 安装工具压缩包。右击后在弹出的快捷菜单中选择"Extract to FusionCompute V100R006C10_Installer"解压缩至文件夹"FusionCompute V100R006C10_Installer"。在"FusionComputeInstaller"文件夹中运行"FusionComputeInstaller.exe"，弹出安装准备页面。此处选择语言"中文"，选择组件"FusionManager"，如图 3-7 所示。

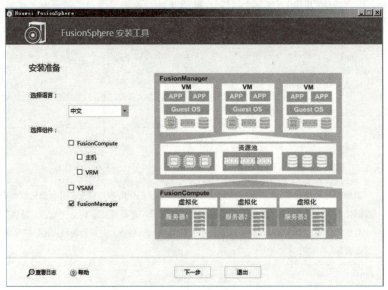

图 3-7　选择安装 FusionManager

（2）选择"自定义安装"安装模式，单击"下一步"按钮，如图 3-8 所示。

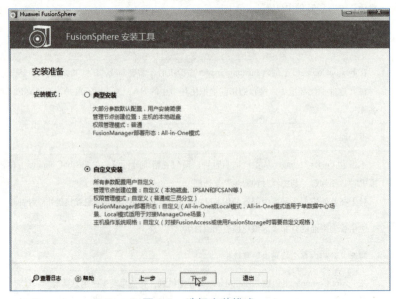

图 3-8　选择安装模式

项目 3　云平台管理实施

（3）单击"浏览"按钮，选择安装包所在路径，单击"确定"按钮，如图 3-9 所示。

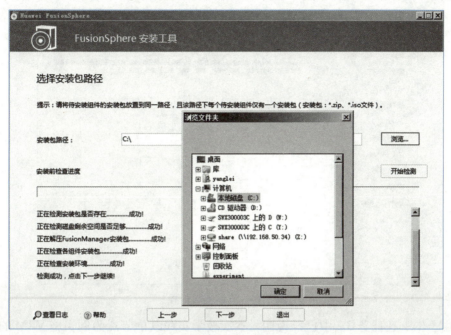

图 3-9　选择安装 FusionManager

（4）单击"开始检测"按钮，检测安装包和安装环境，当检查进度为 100% 后，单击"下一步"按钮，如图 3-10 所示。

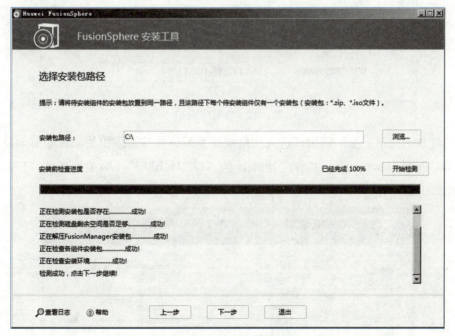

图 3-10　检测安装环境

(5) 进入安装 FusionManager 界面，单击"下一步"按钮，如图 3-11 所示。

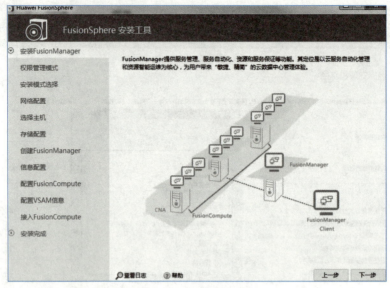

图 3-11　安装界面引导

（6）由于本书在任务 3.2 中已经说明，本次教学实践以单节点为例实施 VRM 的安装。在用户认证中，填写 VRM 浮动 IP 地址"172.16.100.111"，如图 3-12 所示，该地址为任务 3.2 中 VRM 的 IP 地址。

图 3-12　填写浮动 IP

（7）连续单击"下一步"按钮，进入网络配置界面，填写网络相关配置如图 3-13 所示。主节点名称为"FusionManager"，主节点 IP 地址为"172.16.100.3"，网关地址为"172.16.100.1"，端口组选择默认端口组"managePortgroup"。

图 3-13　填写网络配置

(8) 单击"开始安装"按钮,进度达 100% 后,再单击"下一步"按钮,如图 3-14 所示。

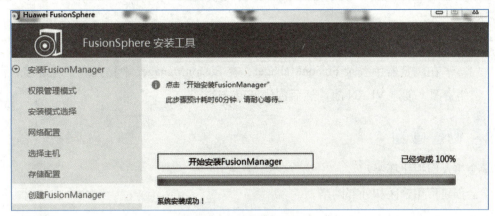

图 3-14　开始安装

(9) 单击"开始配置 FusionManager"按钮,勾选"是否接入 FusionCompute"复选框,单击"下一步"按钮,如图 3-15 所示。因为在本次教学实践中没有安装 VSAM,所以在"配置 VSAM 信息"中不进行相关配置。

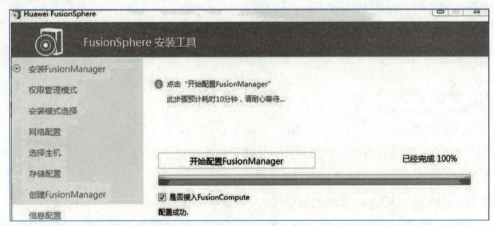

图 3-15　配置 FusionManager 并接入 FusionCompute

(10) FusionManager 安装完成后,如图 3-16 所示。

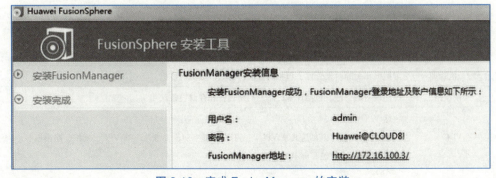

图 3-16　完成 FusionManager 的安装

## 任务 3-2 在管理员视图中添加管理资源

视 频

在管理员视图中配置管理资源

### 任务描述

在浏览器中登录 FusionManager，在 FusionManager 中接入虚拟化环境，添加网络资源，创建 VLAN 池，然后创建可用分区。

### 任务目的

- 学会接入虚拟化环境；
- 学会创建可用分区和外部网络。

### 事项需求

- 已获取所要求版本的浏览器，如果选择"Internet Explorer"或"Firefox"浏览器，则需已完成浏览器的配置；
- 单节点部署时已获取 FusionManager 管理节点 IP 地址；
- 主备部署时已获取 FusionManager 管理节点浮动 IP 地址；
- 已获取登录 FusionManager 的用户名、密码。

### 知识学习

**1. 登录界面介绍**

FusionManager 管理界面分为两种视图：管理员视图和租户视图。

- 管理员：负责虚拟机、磁盘、资源池的管理。
- 租户：对所属 VDC 下的资源进行管理。

本节介绍 local 管理视图的主要功能，以便用户可以快速掌握 FusionManager 的界面布局，从而快速使用系统。具体功能见表 3-5。

表 3-5 local 管理员主要功能

| 编号 | 分类 | 业务功能 |
|---|---|---|
| 1 | 资源池 | 资源池是虚拟化资源的集合，包括虚拟化环境、计算资源池、存储资源池、网络资源池等 |
| 2 | 虚拟机管理 | 虚拟机相关的对象管理，包括虚拟机、磁盘、虚拟机模板、密钥对等 |
| 3 | 基础设施 | 硬件设备的管理，包括计算设备、网络设备和存储设备 |
| 4 | VDC | 包括 VPC 和应用。<br>• VPC：管理员可以创建共享 VPC，查看和管理当前云资源池下的 VPC、网络、路由器等。<br>• 应用：包括软件包和脚本的管理 |

续上表

| 编号 | 分类 | 业务功能 |
|---|---|---|
| 5 | 监控 | 包括告警、性能和报表。<br>• 告警：FusionManager 的告警列表展示本系统和接入了该系统的第三方部件的告警信息。用于管理员及时发现和快速定位故障。<br>• 性能：FusionManager 的性能列表展示本系统的集群、主机、虚拟机的性能监控指标。<br>• 报表：包括系统报表和自定义报表，可根据需要下载 |
| 6 | 系统 | 包括：用户、配置、任务与日志。<br>• 用户包括用户、角色、分域和密码策略管理。角色是一系列操作权限的集合，每个角色分别对应了不同的权限。通过为用户分配角色，达到每个用户具有不同权限的目的。域用于资源的分类，可以对资源集群及虚拟机进行分域。密码策略是指系统中所有密码的通用规则，它是保证系统安全性的重要手段。当用户所设置的密码不符合密码规则时，将会提示用户重新设置。<br>• 配置是指对系统 License、系统时间等的配置。一般情况下，用户只需要配置一次系统数据。<br>• 任务与日志可以查看任务进度和结果、查看和导出系统内的操作日志 |

2. 虚拟化环境

虚拟化环境是对计算、存储和网络等资源进行虚拟化的软件，例如 FusionCompute。FusionManager 中所使用和管理的虚拟化资源都来源于虚拟化环境中的资源。一个虚拟化环境对应于 FusionCompute 的一套 VRM 管理的所有资源，或者对应于 VMware 的一个 vCenter 管理的所有资源。

FusionManager 最多可接入 255 个虚拟化环境。FusionManager 不能重复接入同一个虚拟化环境；一个虚拟化环境只能被一个 FusionManager 接入管理。

## 任务实施

1. 登录 FusionManager

（1）在浏览器中输入 FusionManager 浮动 IP 地址，输入用户名"admin"和密码"Huawei@CLOUD8!"，单击"登录"按钮，如图 3-17 所示。

图 3-17　登录 FusionManger

(2)首次登录会强制修改密码,修改密码后登录,首页如图 3-18 所示。

图 3-18　FusionManager 界面

(3)在系统中"开启"私有云模式。在私有云模式下,具有创建"VDC"和"VPC"的功能,如图 3-19 所示。

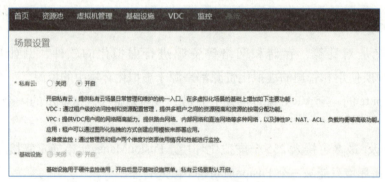

图 3-19　启动私有云

2. 接入虚拟化环境

(1)选择"资源池"→"虚拟化环境"选项,单击"接入"按钮,如图 3-20 所示。

图 3-20　接入虚拟化环境

项目3  云平台管理实施

（2）由于在图 3-14 配置 FusionManager 中，已经成功接入了 FusionCompute 虚拟化环境，如图 3-21 所示。

图 3-21  接入完成

3. 添加网络资源

（1）选择"资源池"→"网络资源池"→"VLAN 池"选项，单击"创建"按钮，如图 3-22 所示。

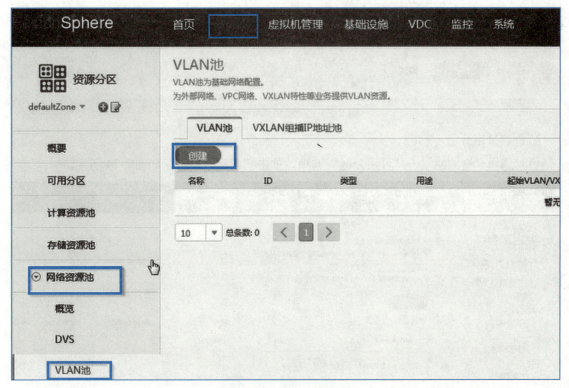

图 3-22  创建 VLAN 池

（2）创建新的业务 VLAN 池，设置相关参数，名称为"vlan1-4094"，VLAN 池类型选择"VLAN 池"，用途选择"业务 VLAN"，起始 VLAN 设置为"1"，结束 VLAN 设置为"4094"，关联分布式虚拟交换机选择默认交换机，最后单击"创建"按钮，如图 3-23 所示。

图 3-23　设置 VLAN 池参数

4. 创建可用分区

（1）选择"资源池"→"可用分区"选项，单击"创建"按钮，如图 3-24 所示。

图 3-24　创建可用分区

（2）打开如下界面，填写可用分区名称"AZ1"，单击"下一步"按钮，如图 3-25 所示。

项目 3　云平台管理实施

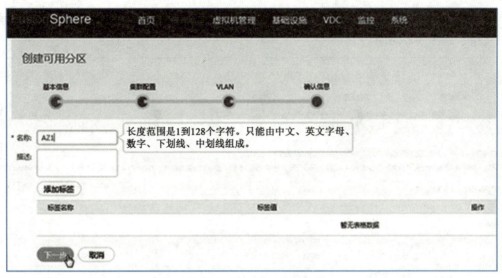

图 3-25　填写可用分区名称

（3）单击"添加资源集群"按钮，如图 3-26 所示。

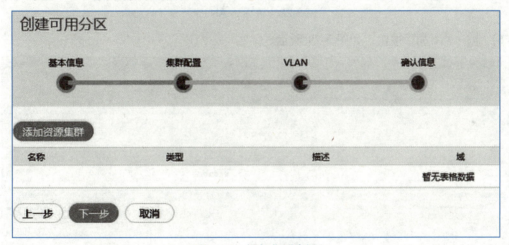

图 3-26　添加集群资源

（4）勾选资源集群，单击"确定"按钮，单击"下一步"按钮，如图 3-27 所示。

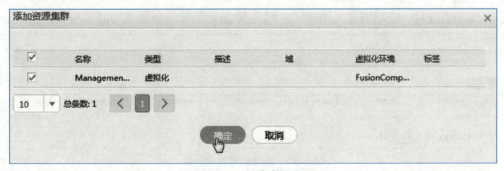

图 3-27　勾选资源集群

(5) 填写 VLAN ID 为"18-30",该分区可以提供给租户在 VPC 中用于创建网络,单击"下一步"按钮,如图 3-28 所示。

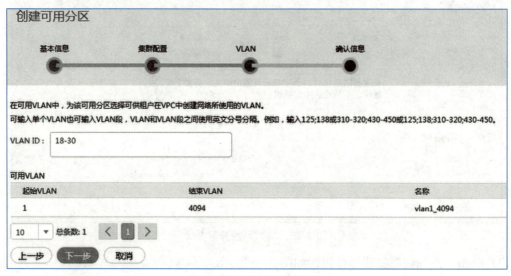

图 3-28　填写 VLAN ID

(6) 单击"添加"按钮,如图 3-29 所示。

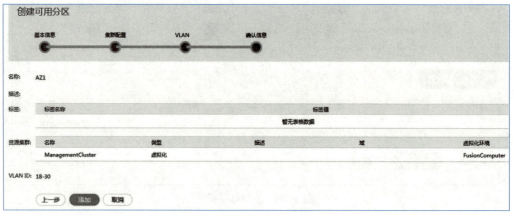

图 3-29　创建可用分区

(7) 添加完成后,成功创建可用分区。图 3-30 所示为显示创建成功的可用分区 AZ1。

图 3-30　成功创建可用分区

## 任务 3-3 创建和管理 VDC 与 VPC

创建和管理
VDC与VPC

 **任务描述**

创建外部网络，在 FusionManager 中创建 VDC，用管理员登录 VDC，然后创建 VPC，连接内部网络，实现虚拟机资源管理。

 **任务目的**

- 学会创建外部网络；
- 学会创建 VDC；
- 学会创建 VPC，添加内部网络，进行资源管理。

 **事项需求**

- 已安装 FusionCompute 中的 VRM 组件；
- 已安装 FusionCompute_CNA 但未加入 VRM 的主机一台（由于本节实践为可选章节，实践设备充足的学校可以选做）；
- VRM 管理平台的账户和登录密码。

**知识学习**

**1. 创建外部网络**

外部网络是用于连接系统外网络的网络，系统外网络即用户已有网络，可以是企业内部网络，也可以是公共网络（Internet）等。外部网络可用于发放虚拟机和创建 VPC 中的直连网络。其中，连接方式为子网（普通 VLAN）、能够连接到 Internet，子网要求 IP 分配方式为静态注入的 IPv4 网络，且不包含 IPv6 子网的外部网络可用于连接软件路由器，为弹性 IP 等业务提供所需的公网 IP 地址。

根据外部网络的属性不同，创建过程也不同。

(1) 创建连接方式为"VLAN"的外部网络，该方式下，系统不提供 IP 地址，需手动为使用该网络的虚拟机配置 IP 地址。

①已在交换机上完成 VLAN 配置。

②选择"资源池"→"资源分区"选项，在打开的界面中选择一个资源分区，选择"网络资源池"→"外部网络"选项，在打开的界面中单击"创建"按钮。

(2) 创建连接方式为"子网（普通 VLAN）"的外部网络，在该方式下，一个子网对应一个 VLAN，由系统对子网中的 IP 地址进行管理。

①已在交换机上完成 VLAN 与子网配置。

②若需使用内部 DHCP 服务器分配 IP 地址，还需完成如下配置，先创建一个系统服务虚拟机作为内部 DHCP 服务器：

 a. 在安装与调测阶段，已完成 VSAM 的安装与配置。

 b. 添加 VSA 管理网络。

 c. 导入 VSA 模板。

 d. 选择"资源池"→"资源分区"选项，在打开的界面中选择一个资源分区，选择"网络资源池"→"外部网络"选项，在打开的界面中选择"DHCP 服务器"，单击"创建 DHCP 服务器"按钮。

 e. 在汇聚交换机上配置 DHCP 服务器的网络信息和 DHCP 中继。

③若需支持 IPv6 功能，还需完成如下配置：

 a. 在汇聚交换机上开启 IPv6 转发功能，具体操作方法请参考汇聚交换机配置手册。

 b. 在 FusionCompute 上，选择"网络池"→"IPv6 转发配置"选项，开启 IPv6 转发配置。

④选择"资源池"→"资源分区"选项，在打开的界面中选择一个资源分区，选择"网络资源池"→"外部网络"选项，在打开的界面中单击"创建"按钮。

（3）创建连接方式为"子网（超级 VLAN）"的外部网络，该方式仅用于多租户场景下的外部网络。在该方式下，一个子网对应多个 VLAN，由系统对子网中的 IP 地址进行管理，通过 VLAN 对子网中的 IP 地址资源进行隔离，同时又能共用网关地址和广播地址，达到同一子网的多段隔离，又节省 IP 地址资源的目的。一个超级子网中的 IP 地址供超级子网中的多个 VLAN 使用。一个超级子网中的一个所属 VLAN，只能被一个 VPC 使用。

①已在交换机上完成 VLAN 与子网配置。

在交换机上配置 Super-VLAN 及 Sub-VLAN。

②若需支持 IPv6 功能，还需完成如下配置：

 a. 在汇聚交换机上开启 IPv6 转发功能。

 b. 在 FusionCompute 上，选择"网络池"→"IPv6 转发配置"选项，开启 IPv6 转发配置。

③选择"资源池"→"资源分区"选项，在打开的界面中选择一个资源分区，选择"网络资源池"→"外部网络"选项，在打开的界面中单击"创建"按钮。

### 2. VDC 的配置

每个 VDC 可以包含多个用户，由 VDC 管理员进行管理，可以为 VDC 增加或删除用户，选择可使用的资源范围并设置资源配额。VDC 创建完成后，系统存在两个默认的 VDC 用户可以使用，分别为"DefaultSharedORG"和"DefaultVPCORG"。这两个默认 VDC 不能删除，使用场景如下：

"DefaultSharedORG"：默认的 VDC，方便用户使用。

"DefaultVPCORG"：当使用 SOAP 接口创建 VPC 且不指定 VDC 时，则默认创建在该 VDC 中。

### 1. 创建 VDC

创建一个新的 VDC，为 VDC 选择可用分区和选择可用的资源，并配置能管理 VDC 中资源的用户。如果在三员分立模式下，创建 VDC 用户后，需使用"secadmin"管理员将其解锁，该 VDC 用户才可登录 FusionManager。

### 2. 为 VDC 添加用户

VDC 由 VDC 管理员进行管理。VDC 创建完成后，还可以通过下面两种方式为 VDC 添加用户。

（1）添加已有用户：将系统中已经存在的用户添加为 VDC 用户。

（2）创建用户：为 VDC 创建新的用户。同时，会创建用于文件上传的 ftp 账户。

需要注意的是，如果在三员分立模式下，仅在创建 VDC 成功但用户未创建成功时，可为 VDC 添加用户。

### 3. 管理配额

VDC 创建好后，如果需要调整 VDC 中使用的资源值，可以通过调整配额实现。

### 4. 管理外部网络

管理 VDC 可以使用的外部网络资源。默认 VDC 可以使用可用分区下的全部外部网络，也可以通过此功能指定 VDC 可以使用的外部网络。

### 5. VDC 包括 VPC 和应用

VPC：当前云资源池下的所有 VPC 均会显示在该界面。VPC 能够为 VDC 提供安全、隔离的网络环境，用户可以在 VPC 中自定义与传统网络无差别的虚拟网络，同时提供弹性 IP、安全组等高级网络服务，以满足更多的业务部署要求。VPC 分为"共享"和"非共享"两种类型：

（1）共享 VPC，由管理员在管理员视图创建，为系统内所有 VDC 提供网络资源，所有租户均可以使用。包含直连网络和路由网络。

（2）非共享 VPC，即私有 VPC，由租户在租户视图创建，为其所属的 VDC 提供网络资源，仅其所属 VDC 内的租户可以使用。包含内部网络、直连网络和路由网络。非共享 VPC 只能在租户视图中创建。

应用：包括软件包和脚本，这里不进行详细说明。

## 任务实施

### 1. 创建外部网络

（1）选择"资源池"→"网络资源池"→"外部网络"选项，单击"创建"按钮，如图 3-31 所示。

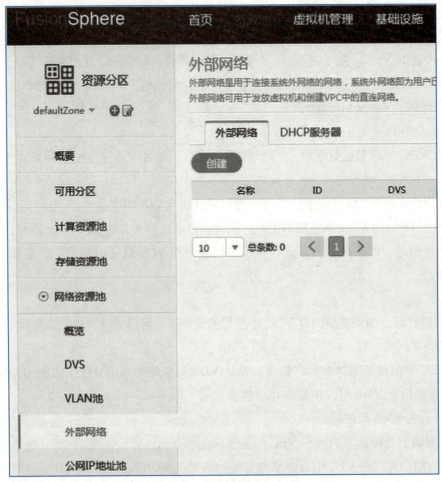

图 3-31 创建外部网络引导

（2）填写外部网络名称"vlan17"，选择连接方式为"子网（普通 VLAN）"，单击"下一步"按钮，如图 3-32 所示。

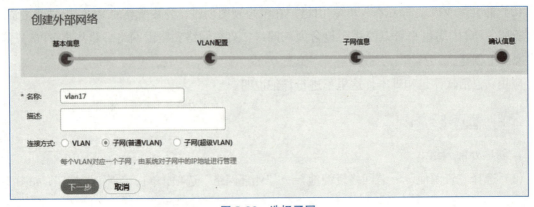

图 3-32 选择子网

项目 3　云平台管理实施

（3）填写 VLAN ID 为"17"，选择 DVS 为默认交换机"ManagementDVS"，单击"下一步"按钮，如图 3-33 所示。

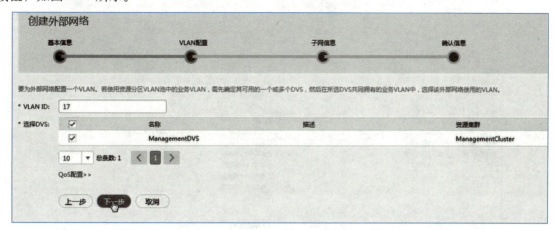

图 3-33　填写 VLAN ID

（4）根据规划填写外部网络子网 IP，勾选"IPv4 配置"复选框，IP 地址分配方式选择"静态注入"，子网 IP 地址为"172.16.17.0"，子网掩码为"255.255.255.0"，网关为"172.16.17.1"，可用 IP 地址段为"172.16.17.100-172.16.100.150"，配置结束后单击"下一步"按钮，如图 3-34 所示。

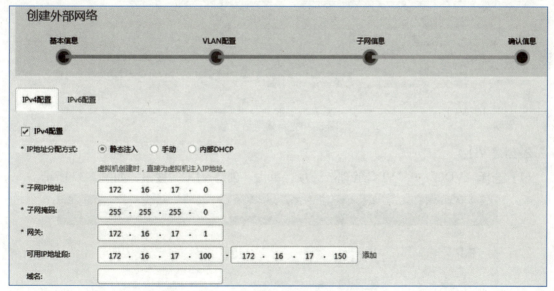

图 3-34　填写网络配置参数

（5）确认外部网络的配置信息，然后单击"创建"按钮，如图 3-35 所示。

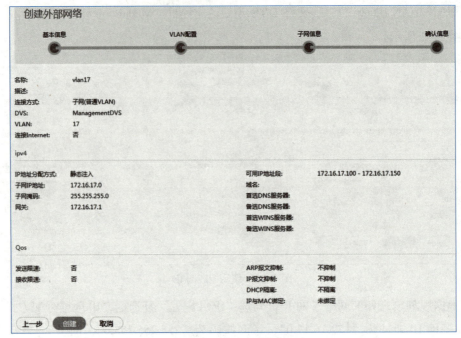

图 3-35 创建外部网络

（6）创建完成后，在外部网络界面中可查看已有的外部网络，如图 3-36 所示。

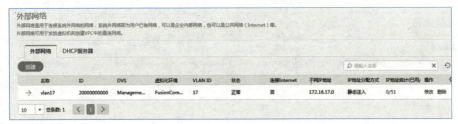

图 3-36 新建网络信息

## 2. 创建 VDC

（1）选择"VDC"→"VDC 管理"选项，单击"创建 VDC"按钮，如图 3-37 所示。

图 3-37 创建 VDC 向导

## 项目 3　云平台管理实施

（2）填写 VDC 名称"VDC1"，配额选择"不限"，单击"下一步"按钮，如图 3-38 所示。

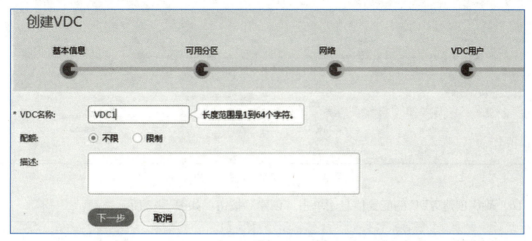

图 3-38　填写 VDC 名称

（3）勾选待选择区可用分区"AZ1"，单击"下一步"按钮，如图 3-39 所示。

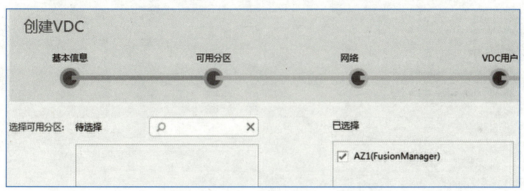

图 3-39　勾选可用分区

（4）选择外部网络"vlan17"，可指定某些网络或者全部，单击"下一步"按钮，如图 3-40 所示。

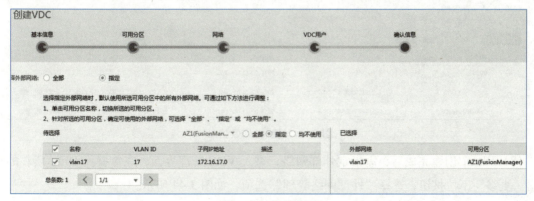

图 3-40　选择网络

(5) 选择 VDC 用户，"admin"为默认用户名，单击"下一步"按钮，如图 3-41 所示。

图 3-41　选择 VDC 登录用户

(6) 确认创建 VDC 的配置信息，单击"创建"按钮，如图 3-42 所示。

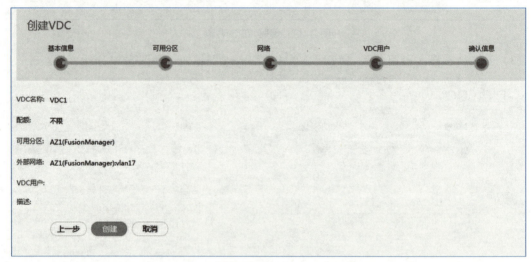

图 3-42　创建 VDC

(7) 创建完成后，在 VDC 管理界面可查看新创建好的"VDC1"，如图 3-43 所示。

图 3-43　查看 VDC 信息

(8) VDC1 创建完成后，需指定外部网络，进入 VDC 管理界面，在需操作 VDC 所在的行，单击"更多"下拉按钮，选择"外部网络管理"选项，如图 3-44 所示。

项目 3　云平台管理实施

图 3-44　VDC 指定外部网络

（9）弹出"外部网络管理"界面，可选择指定某个网络，本次任务选择"vlan17"，如图 3-45 所示。

图 3-45　选择指定的网络

### 3. 创建 VDC 用户与更改虚拟机模板信息

（1）进入 VDC 管理界面，在需操作 VDC 所在的行，单击"更多"下拉按钮，选择"用户管理"选项，如图 3-46 所示。

图 3-46　选择用户信息管理

（2）单击"创建用户"按钮，如图 3-47 所示。

图 3-47　创建用户

(3）弹出"创建用户"界面，填写相关信息，创建 VDC 管理员，用户名为"vdc1-admin"，设置密码，角色选择"vdcmanager"，如图 3-48 所示。

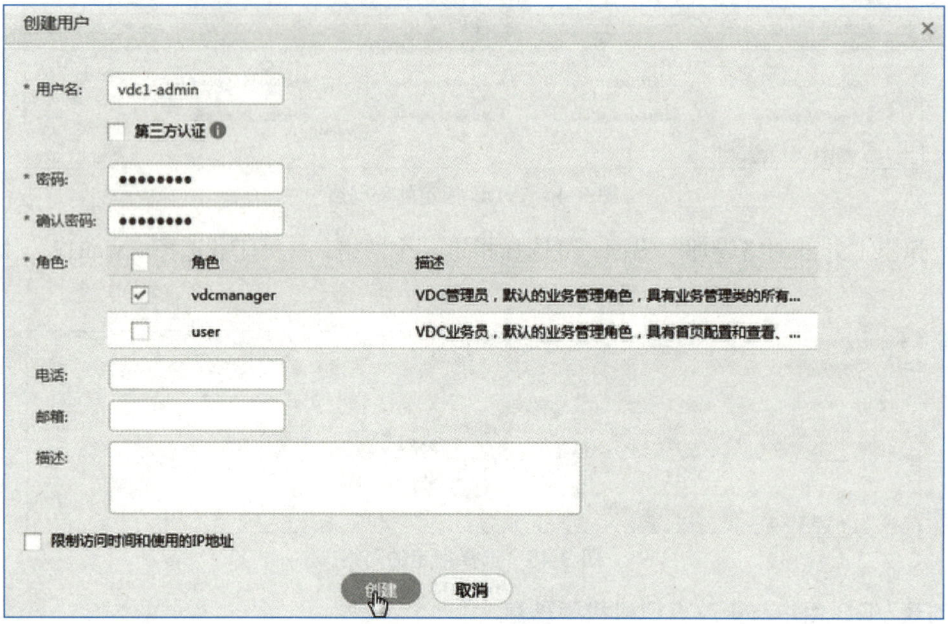

图 3-48　填写用户信息

(4）重复上一步骤创建 VDC 业务员 vdc1-user，如图 3-49 所示。

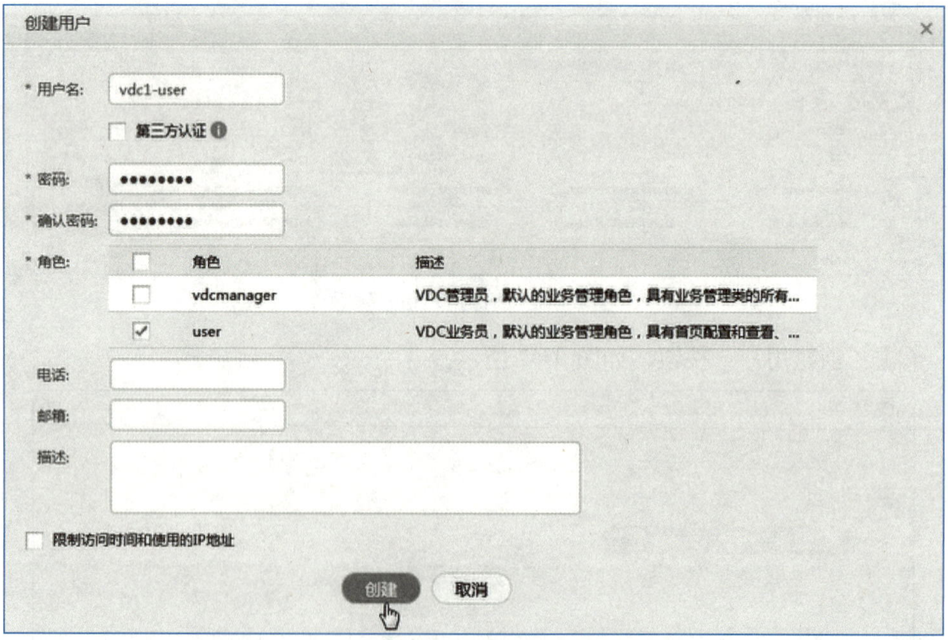

图 3-49　创建业务员

(5）创建完成后，在用户管理界面中可查看新建的 VDC1 用户，如图 3-50 所示。

图 3-50　查看 VDC 已有用户信息

（6）选择"虚拟机管理"→"虚拟机模板"选项，在需操作的虚拟机模板所在行，单击"更多"下拉按钮，选择"修改虚拟机模板基本信息"选项（需要提前在 FusionCompute 中上传模板，并通过单击"发现"进行同步），如图 3-51 所示。

图 3-51　修改虚拟机模板基本信息

（7）在"租户是否可见"下拉列表中选择"是"，最后单击"完成"按钮，如图 3-52 所示。

图 3-52　租户可见

（8）在浏览器中输入 FusionManager 浮动 IP 地址，输入在管理员视图创建的 VDC 管理员用户名"vdc1-admin"和密码，选择"租户视图"，单击"登录"按钮，如图 3-53 所示。

图 3-53　租户视图登录 FusionManger

（9）登录后的租户视图界面如图 3-54 所示。

图 3-54　租户视图界面

**4. 创建 VPC（添加内部网络）**

（1）在登录的 VDC 首页中，选择"VPC"→"我的 VPC"选项，单击"创建 VPC"按钮，如图 3-55 所示。

图 3-55　进入创建 VPC 向导

项目 3　云平台管理实施

(2) 填写 VPC 名称"VPC1",地址选择默认,可用分区选择"AZ1",单击"下一步"按钮,如图 3-56 所示。

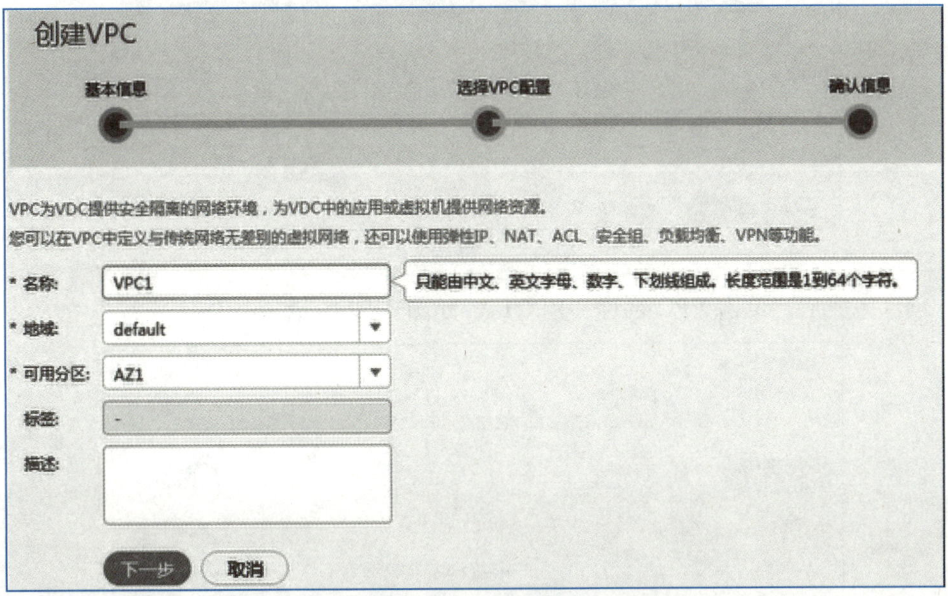

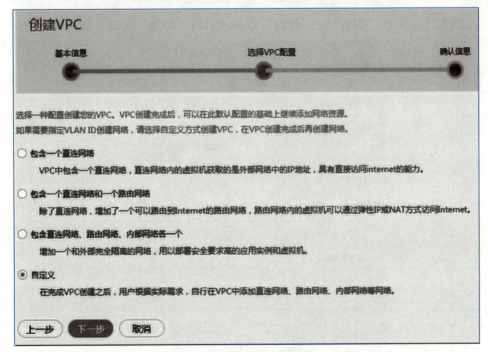

图 3-56　填写 VPC 基本信息

(3) 选中"自定义"单选按钮,单击"下一步"按钮,如图 3-57 所示。

图 3-57　选择自定义网络

(4) 确认 VPC 的配置信息,单击"创建"按钮,如图 3-58 所示。

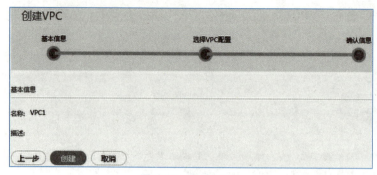

图 3-58　创建 VPC

（5）创建完成后，单击 VPC 名称"VPC1"，如图 3-59 所示。

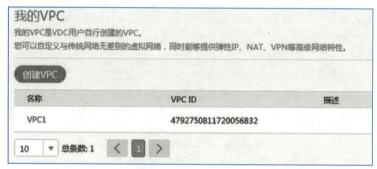

图 3-59　选择指定 VPC

（6）在 VPC1 中选择"网络"→"网络"选项，单击"创建"按钮，如图 3-60 所示。

图 3-60　选择创建 VPC 网络向导

(7)填写网络相关信息,创建内部网络,名称输入"vlan19",网络类型选择"内部网络",单击"下一步"按钮,如图 3-61 所示。

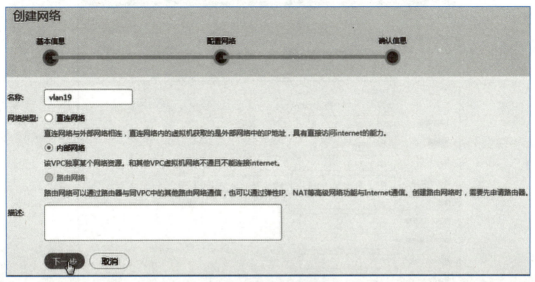

图 3-61 选择内部网络

(8)连接方式选择"子网(VLAN)",VLAN ID 为"19",单击"下一步"按钮,如图 3-62 所示。

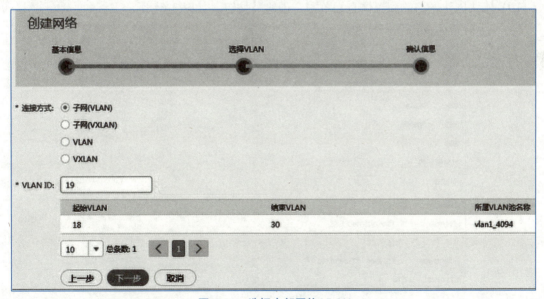

图 3-62 选择内部网络 VLAN

(9)填写内部网络相关信息,IP 地址分配方式选择"静态注入",子网 IP 地址为"172.16.19.0",子网掩码为"255.255.255.0",网关为"172.16.19.1",可用 IP 地址段为"172.16.19.100-172.16.19.199",单击"下一步"按钮,如图 3-63 所示。

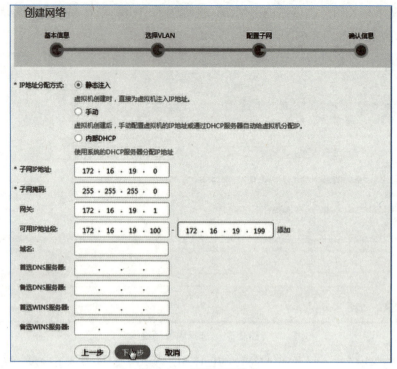

图 3-63　配置子网信息

（10）确认创建网络的配置信息，单击"创建"按钮，如图 3-64 所示。

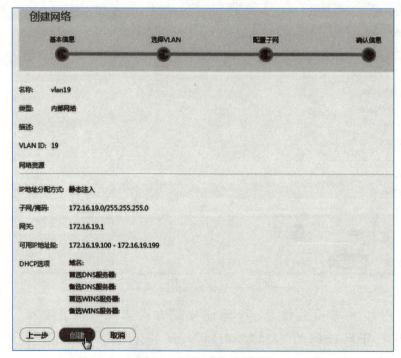

图 3-64　创建 VPC 内部网络

（11）创建完成，可查看创建的网络"vlan19"，如图 3-65 所示。

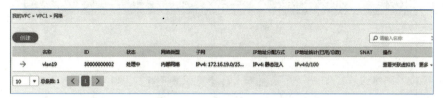

图 3-65　查看 VPC 内部网络信息

（12）在浏览器中输入 FusionManager 浮动 IP 地址，输入在管理员视图创建的 VDC 管理员用户名"vdc1-user"和密码，选择"租户视图"，单击"登录"按钮，如图 3-66 所示。

图 3-66　VDC 管理员租户视图登录

（13）登录后，租户视图首页如图 3-67 所示。

图 3-67　VDC 管理员租户视图界面

5. 使用模板部署 VPC 虚拟机

（1）在租户视图首页中，选择"资源"→"计算"→"虚拟机"选项，单击"创建"按钮，如图 3-68 所示。

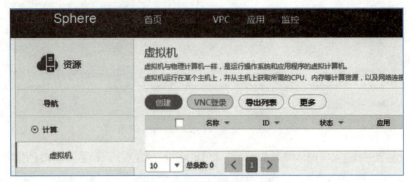

图 3-68 创建虚拟机向导

（2）选择已有的模板"win2008R2"，如图 3-69 所示。

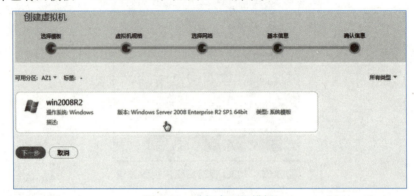

图 3-69 选择虚拟机模板

（3）选择 CPU 为"2 核"，选择内存"2G"，勾选"使用本地存储"复选框，磁盘格式化方式选择"默认"，磁盘快照选择"不支持"，虚拟机个数设置为"1"，最后单击"下一步"按钮，如图 3-70 所示。

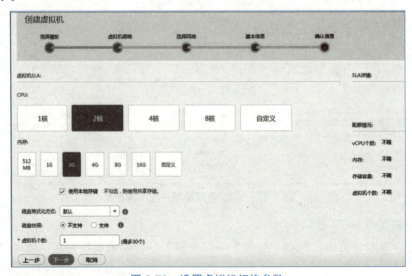

图 3-70 设置虚拟机规格参数

## 项目 3　云平台管理实施

（4）基础网络选择"私有网络"，VPC 选择"VPC1"，网络选择"vlan19"，单击"下一步"按钮，如图 3-71 所示。

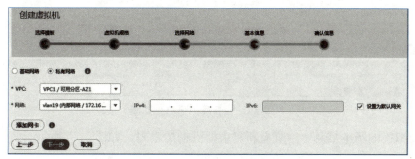

图 3-71　选择虚拟机网络

（5）填写虚拟机名称"Win2008-vpc-test"，计算机名称"vpc-test"，单击"下一步"按钮，如图 3-72 所示。

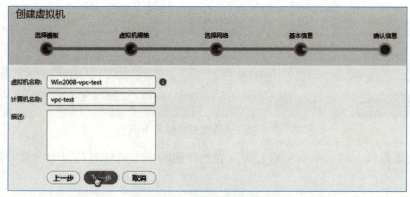

图 3-72　填写虚拟机基本信息

（6）确认虚拟机的配置信息，然后单击"完成"按钮，如图 3-73 所示。

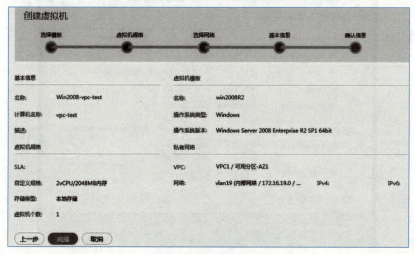

图 3-73　虚拟机信息确认

（7）虚拟机创建完成后，可以在虚拟机界面中查看或者进行 VNC 登录，如图 3-74 所示，单击虚拟机的横向箭头。

图 3-74　查看虚拟机运行状态

（8）在虚拟机的基本信息中，查看新建虚拟机初始密码，如图 3-75 所示。

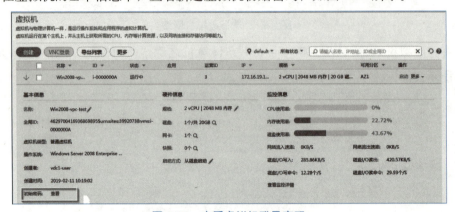

图 3-75　查看虚拟机登录密码

（9）登录虚拟机，输入初始密码，可以看到新建的虚拟机信息与以上设置的参数一致，如图 3-76 所示。

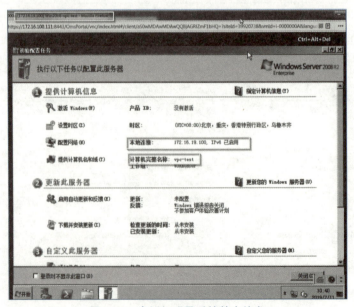

图 3-76　虚拟机登录后的基本信息

## 小 结

FusionManager 作为 FusionSphere 云计算套件中的管理平台,主要对云计算的软件和硬件进行全面监控和管理,实现自动化资源发放和自动化基础设施运维管理,并向内部运维管理人员提供运营与管理门户。

本项目通过对 FusionManager 的安装、在管理员视图添加管理资源和创建 VDC 与 VPC、实现虚拟机资源的自动发放等功能的实施,可使读者能够掌握云计算的服务管理和资源管理的一般方法和技能,也能将技能迁移到异构 vCenter 虚拟化多资源池管理之中,达到触类旁通的效果。

## 习 题

### 一、判断题

1. 使用 FusionCompute 中已有的模板可以创建出与模板规格一致的虚拟机,实现虚拟机快速部署的功能。(   )

2. FusionManager 中的业务管理员可以创建虚拟机模板。(   )

### 二、单选题

1. 在 FusionCompute 中创建端口组时,将 VLAN ID 设为 0 代表(   )。
   A. 将通过本端口组的数据包的 VLAN 标签设置为 0
   B. 只允许带有 VLAN0 标签的数据包通过本端口组
   C. 允许 0 个带有 VLAN 标签的数据包通过本端口组
   D. 对通过本端口组的数据包不做任何修改

2. 以下关于 VPC 的描述中错误的是(   )。
   A. VPC 提供隔离的网络环境           B. 在 VPC 中可以使用 VPN
   C. 在 VPC 中可以使用安全组           D. VPC 不提供 NAT 服务

3. 在华为云计算中,VPC 的网络安全隔离功能不依赖(   )技术实现?
   A. 硬件防火墙                        B. 软件防火墙
   C. 交换机                            D. 弹性 IP

4. 以下不属于 FusionManager 系统中默认角色的是(   )。
   A. Administrator                     B. Operator
   C. Super_administrator               D. Auditor

### 三、多选题

1. 在 FusionManager 上对服务器进行监控需要使用 SNMP 协议或 SSH 协议,因此在接入服务器前需要收集的基本信息包括（　　　）。

  A．服务器的 IP 地址　　　　　　　　B．服务器的 SNMP 端口号

  C．服务器的 SSH 用户名和密码　　　　D．SNMP 的版本号

2．下列是 FusionSphere 中华为虚拟交换机提供的虚拟交换模式的是（　　　）。

  A．普通模式　　　　　　　　　　　　B．直通模式

  C．SR-IOV 直通模式　　　　　　　　　D．VF-TRUNK

  E．OperationAdmin 着重于资源池构建、管理和维护

3．在华为 FusionSphere 中，管理员登录虚拟机的方式有（　　　）。

  A．如果虚拟机的操作系统为 Windows，管理员可以通过远程桌面登录虚拟机

  B．如果虚拟机的操作系统为 Linux，管理员可以通过远程桌面登录虚拟机

  C．管理员可以通过 VNC 登录安装了任何操作系统的虚拟机

  D．虚拟机没有 IP，管理员也可以通过 VNC 登录，所以 VNC 摆脱了对网络的依赖

### 四、思考题

1．简述设置 QoS 的作用。

2．如何理解可用分区？

## 项目实训 5　使用 FusionManager 管理平台实施服务管理和资源管理

### 一、实训目的

① 掌握 FusionManager 的安装方法；

② 学会接入虚拟化环境以及相关操作；

③ 掌握可用分区的创建；

④ 创建 VDC、创建 VPC；

⑤ 使用模板创建虚拟机，实现虚拟机业务发放。

### 二、实训环境要求

① 已获取 FusionCompute 虚拟化平台和 FusionManager 安装包；

② 已获取 VRM 管理平台的账户和登录密码；

③ 本地 PC 已安装火狐浏览器，版本号为 Firefox_46.0.1。

### 三、实训内容

  某企业数据中心已部署华为 FusionComputer 虚拟化架构，为提高运营效率，现需搭建部署 FusionManager 云管理平台，系统各组件 IP 地址分配情况见表 3-6。

项目 3　云平台管理实施

表 3-6　各组件 IP 地址表

| 组件 | 主机名 | IP 地址规划 | 子网掩码 | 网关 |
| --- | --- | --- | --- | --- |
| CNA-01 | CNA-01 | 192.168.100.110 | 255.255.255.0 | 192.168.100.1 |
| CNA-02 | CNA-02 | 192.168.100.120 | 255.255.255.0 | 192.168.100.1 |
| CNA-03 | CNA-03 | 192.168.100.130 | 255.255.255.0 | 192.168.100.1 |
| VRM | VRM | 192.168.100.111 | 255.255.255.0 | 192.168.100.1 |
| FusionManager | FusionManager | 192.168.100.3 | 255.255.255.0 | 192.168.100.1 |
| VDC 外部网络（VLAN 17） | | 192.168.17.0 | 255.255.255.0 | 192.168.17.1 |
| VPC 内部网络（VLAN 19） | | 192.168.19.0 | 255.255.255.0 | 192.168.19.1 |

完成下列操作任务：

①安装 FusionManager 管理系统；

②在 FusionManager 管理系统中接入了 FusionCompute 虚拟化环境，添加相应网络资源，并创建可用分区；

③创建外部网络及 VDC，配置 VDC 用户并更改虚拟机模板信息；

④创建 VPC，使用模板部署 VPC 虚拟机。

## 拓展阅读　大国工匠：高凤林

### 为火箭焊接"心脏"的人

在中国，焊接火箭"心脏"发动机的第一人是高凤林，焊接了 40%的长征系列火箭的"心脏"；也是他，将火箭发动机核心部件——泵前组件的产品合格率从 29%提升到 92%，破解了 20 多年来掣肘我国航天事业快速发展的难题。

30 多年来，高凤林先后参与北斗导航、嫦娥探月、载人航天等国家重点工程以及长征五号新一代运载火箭的研制工作，一次次攻克发动机喷管焊接技术世界级难关，出色完成亚洲最大的全箭振动试验塔的焊接攻关、修复苏制图 154 飞机发动机，还被丁肇中教授亲点，成功解决反物质探测器项目难题。高凤林先后荣获国家科技进步二等奖、全军科技进步二等奖等 20 多个奖项。

绝活不是凭空得，功夫还得练出来。

高凤林吃饭时拿筷子练送丝，喝水时端着盛满水的缸子练稳定性，休息时举着铁块练耐力，冒着高温观察铁水的流动规律；为了保障一次大型科学实验，他的双手至今还留有被严重烫伤的疤痕；为了攻克国家某重点攻关项目，近半年的时间，他天天趴在冰冷的产品上，关节麻木了、青紫了，他也不为所动。

高凤林以卓尔不群的技艺和劳模特有的人格魅力、优良品质，成为新时代高技术工人的时代坐标。

# 项目 4

# 桌面云搭建

## 4.1 项目导入

一直以来，各企事业单位桌面计算机普遍使用的是个人计算机（PC）。单独部署的 PC，其资源利用率较低、成本较高；对于分布于各楼宇各部门的 PC，技术员必须分别对每一台 PC 进行部署和调试；为了避免 PC 发生故障而造成数据丢失，对数据的备份和恢复也是一项繁杂的工作；由于用户的信息安全水平参差不齐，接入网络的 PC 会给企业网络带来安全隐患；受 PC 物理条件的限制，用户难以实现在任意地点访问自己的计算机桌面。

针对以上问题，可以使用桌面虚拟化技术取代传统的 PC，即通过在虚拟化服务器上运行虚拟机构建完整的桌面环境，将操作系统、应用程序和用户数据放到数据中心，通过桌面交付的方式实现集中管理，用户可以使用软件从 PC 或瘦客户端访问远程桌面环境。华为 FusionAccess 桌面云便是很好的解决方案，在华为 FusionCompute 虚拟化架构之上，部署 FusionAccess 桌面云，集中管理用户云桌面虚拟机，解决传统 PC 办公模式给用户带来的挑战，如安全、投资、办公效率等方面，适合大中型企事业单位、政府部门、分散户外及移动型办公单位使用。

## 4.2 职业能力目标和要求

- 认识华为 FusionAccess 桌面云的概念及特征；

- 了解华为 FusionAccess 桌面云的架构；
- 掌握 AD/DNS/DHCP 服务器的安装与配置；
- 掌握 FusionAccess 桌面云系统组件的安装与初始化配置；
- 掌握制作 FusionAccess 桌面云的 Windows 虚拟机模板；
- 掌握创建和管理 FusionAccess 桌面云的用户虚拟机；
- 掌握云桌面的快速发放和远程登录；
- 掌握前沿技术，与时俱进。

## 4.3 相关知识

### 4.3.1 FusionAccess 桌面云简介

FusionAccess 桌面云是基于华为 FusionSphere 虚拟化解决方案的一种虚拟桌面应用，通过在华为 FusionComputer 虚拟化平台上部署 FusionAccess 桌面云系统，使终端用户通过瘦客户机或者其他任何与网络相连的终端设备来访问跨平台应用程序或整个客户桌面，华为 FusionAccess 桌面云的部署如图 4-1 所示。

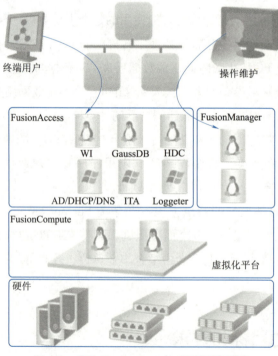

图 4-1 华为 FusionAccess 桌面云的部署

## 项目 4　桌面云搭建

**1. FusionAccess 桌面云的价值**

1）数据上移，信息安全

传统桌面环境下，由于用户数据都保存在本地 PC，因此，内部泄密途径众多，且容易受到各种网络攻击，从而导致数据丢失。在桌面云环境下，终端与信息分离，桌面和数据在后台集中存储和处理，无须担心企业的智力资产泄露。除此之外，瘦客户端（Thin Client，TC）的认证接入、加密传输等安全机制，保证了桌面云系统的安全可靠。

2）高效维护，自动管控

传统桌面系统故障率高，据统计，平均每 400 台 PC 就需要一名专职 IT 人员进行管理维护，且每台 PC 维护流程(故障申报→安排人员维护→故障定位→进行维护)需要 2~4 h。桌面云环境下，资源自动管控，维护方便简单，节省 IT 投资。桌面云不需要前端维护，强大的一键式维护工具让自助维护更加方便，提高了企业运营效率。使用桌面云后，每位 IT 人员可管理超过 2 000 台虚拟桌面，维护效率提高 4 倍以上。白天可自动监控资源负载情况，保证物理服务器负载均衡；夜间可根据虚拟机资源占用情况，关闭闲置的物理服务器，节能降耗。

3）应用上移，业务可靠

传统桌面环境下，所有业务和应用都在本地 PC 上进行处理，稳定性仅 99.5%，年宕机时间约 21 h。而在桌面云环境下，所有业务和应用都在数据中心进行处理，强大的机房保障系统能保持 99.9% 的业务稳定性，充分保障业务的连续性。各类应用的稳定运行，能有效降低办公环境的管理维护成本。

4）无缝切换，移动办公

传统桌面环境下，用户只能通过单一的专用设备访问其个性化桌面，这极大地限制了用户办公的灵活性。采用桌面云，无论在办公室还是旅途中，用户都可以方便地通过桌面云接入 PC 桌面，随时随地实现移动办公。由于数据和桌面都集中运行和保存在数据中心，用户可以不中断应用运行，实现无缝切换办公地点。

5）降温去噪，绿色办公

节能、无噪的瘦客户端（TC）部署，能有效解决密集办公环境的温度和噪声问题。TC 部署让办公室噪声从 50 dB 降低到 10 dB，办公环境变得更加安静。TC 和液晶显示器的总功耗约为 60 W，相比传统 PC，能有效减少 70% 的电费，同时低功耗可有效减少空调降温费用。

6）资源弹性，复用共享

桌面云环境下，所有资源都集中在数据中心，可实现资源的集中管控，弹性调度；资源的集中共享，提高了资源利用率。传统 PC 的 CPU 平均利用率为 5%~20%，资源利用率较低。桌面云环境下，云数据中心的 CPU 利用率可控制在 60% 左右，整体资源利用率提升。

**2. FusionAccess 桌面云的特点**

1）高安全性

支持华为自研桌面接入协议（Huawei Desktop Protocol，HDP）；支持远程加密访问数据中心；

统一管理外接存储设备；支持 SSL 数字证书认证机制。

2）电信级可靠性

采用电信级服务器；全局虚拟机年度平均可用度达 99.9%；支持软件 HA（High Availability）功能；支持数据存储多重备份。

3）优异的用户体验

端到端网络 QoS 设计，消除网络时延影响；采用智能调度算法，达到系统负载均衡。

4）高效管理维护

支持 Web 模式远程维护管理工具；支持全自动诊断恢复；支持故障信息采集工具；支持健康检查工具；支持数据一致性审校；支持"黑匣子"功能。

5）多业务集成

支持集成传统语音、会议和视频业务；支持集成传统 Email 业务。

### 4.3.2 FusionAccess 桌面云逻辑架构

华为标准桌面云由 FusionAccess、FusionCompute 和 FusionManager 三大部分组件构成，华为标准桌面云逻辑架构如图 4-2 所示。FusionAccess 桌面管理软件在云平台 FusionSphere 之上，主要由接入和访问控制层、虚拟桌面管理层组成。FusionAccess 提供图形化的界面，运营商的管理员或企业的管理员通过界面可快速为用户发放、维护、回收虚拟桌面，实现虚拟资源的弹性管理，提高资源利用率，降低运营成本。

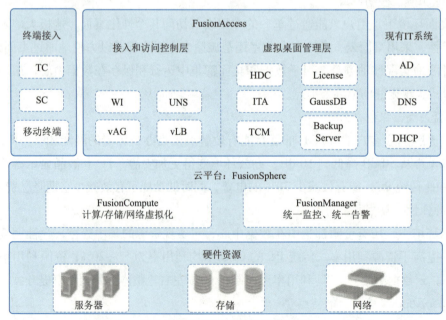

图 4-2 华为标准桌面云逻辑架构

1. FusionAccess 接入和访问控制层功能组件介绍

1）WI

WI（Web 接口）为最终用户提供 Web 登录界面，在用户发起登录请求时，将用户的登录信息（加密后的用户名和密码）转发到 AD 上进行用户身份验证；用户通过身份验证后，WI 将 HDC（华为桌面控制器）提供的虚拟机列表呈现给用户，为用户访问虚拟机提供入口。

2）UNS

UNS（单一名称服务）支持通过统一的域名访问具有不同 WI 域名的多套 FusionAccess 系统。减少用户在不同的 WI 域名间进行切换和跳转。

3）vAG

vAG（虚拟应用网关）主要实现桌面接入网关和自助维护台网关功能。当用户虚拟机出现故障时，用户无法通过桌面协议登录到虚拟机，需要通过 VNC（Virtual Network Console，自助维护控制台）登录虚拟机进行自助维护。

4）vLB

vLB（虚拟负载均衡器）主要用于多个 WI 的负载均衡，避免大量用户访问到同一个 WI。用户终端可通过接入层的 vLB 功能和 vAG 功能，接入到用户虚拟机中。

2. FusionAccess 虚拟桌面管理层功能组件介绍

1）HDC

HDC（华为桌面控制器）是虚拟桌面管理软件的核心组件，根据 IT 适配器发送的请求进行桌面组管理，进行用户和虚拟桌面的关联管理，处理虚拟机登录的相关请求等。

2）ITA

ITA（IT 适配器）为用户管理虚拟机提供接口，ITA 通过与 HDC 和 FusionCompute 的交互，实现虚拟机创建与分配、虚拟机状态管理、虚拟机模板管理、虚拟机系统操作与维护等功能。

3）License 服务器

License 服务器是 License 的管理与发放系统，负责 HDC 的 License 管理与发放。

4）TCM

TCM 是瘦终端管理服务器，管理员通过 TCM 对 TC 进行日常管理。

5）GaussDB 数据库

GaussDB 为 ITA、HDC 提供数据库服务，用于存储数据信息。

6）Backup Server

Backup Server（备份服务器）主要功能是备份各个组件的关键文件和数据。

## 4.3.3 FusionAccess 桌面云应用场景

根据不同的客户环境及需求，FusionAccess 桌面云可支持不同的应用场景，其中包括办公桌面云、分支机构桌面云、呼叫中心桌面云、营业厅桌面云、高安全桌面云、应用虚拟化桌面云等。

### 1. 办公桌面云

办公桌面云是指企业使用桌面云进行正常的办公活动（如处理邮件、编辑文档等），同时提供多种安全方案，保证办公环境的信息安全，办公桌面云解决方案如图 4-3 所示。

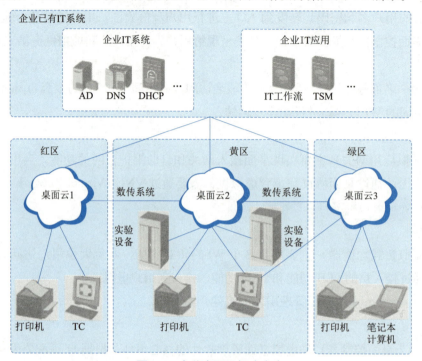

图 4-3　办公桌面云解决方案

办公桌面云有如下特点：

1）减少投资，平滑过渡

支持与企业已有的 IT 系统对接，充分利用已有的 IT 应用。比如利用已有的 AD（活动目录）系统进行桌面云用户鉴权；在桌面云上使用已有的 IT 工作流；通过 DHCP 给虚拟桌面分配 IP 地址；通过企业 DNS 进行桌面云的域名解析等。

2）可靠的信息安全机制

桌面云提供多种认证鉴权与管理机制，保证办公环境的信息安全。桌面云的用户需要经过企业的 AD 系统进行认证才能使用企业的虚拟桌面，并分区域（即红、黄、绿区）互相隔离。红区为信息资产安全控制最严格区域，传出的数据受到严格控制；黄区对应信息资产控制中等区域，传出的数据有限受控；绿区对应信息资产控制级别较低区域，可接入移动用户，且可在企业外部接入企业应用平台。

3）部署简单灵活

安全分区级别默认为三级控制，满足大多数企业的安全性管理要求，部署的规划设计要求简单，适应性强。

4)方案成熟,有规模商用经验

目前华为已经在深圳、上海、成都等多处研究所完成办公桌面云环境的商用部署,并且在全球范围内也有广泛的商用。

### 2. 分支机构桌面云

企业中除了总部机构需要使用桌面云外,很多分支机构也需要使用桌面云,所以部署分支机构特性可以满足分支机构对桌面云业务的需求。为了提高分支机构桌面云的用户体验,系统将分支机构桌面云部署在分支机构本地,以保证网络延时和带宽能够满足系统性能要求,降低总部和分支机构之间对网络带宽和网络质量的要求。分支机构桌面云解决方案如图4-4所示。

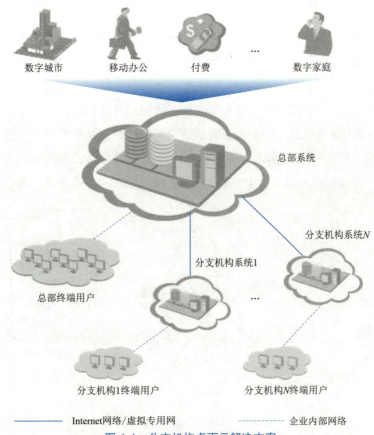

图 4-4 分支机构桌面云解决方案

分支机构桌面云有如下特点:

1)降低网络使用成本

分支机构业务资源部署在本地,虚拟机远程桌面流量也被限制在本地,因此分支机构到总部之间的网络仅用于传输管理数据,对网络带宽要求较低(带宽≥2 Mbit/s,时延< 50 ms)。

而集中部署桌面云的方式,对远程接入桌面云的网络带宽和延时要求都比较高,如果有播放音频、视频的需求,则要求更高。部署分支机构桌面云后,不但节省了远程专线网络的成本,而且保障了流畅的虚拟机用户体验。

2)业务连续不中断

分支机构本地也部署了一套桌面管理软件,如果总部数据中心故障或与分支机构的网络中断,分支机构本地的用户仍然可以访问本地虚拟桌面。广域网连接中断不影响已登录的虚拟桌面正常运行,确保分支机构业务连续不中断。

3)集中运维和管理

在总部部署一套集中运维管理系统,集中运维和管理总部与各分支机构的桌面云业务,从而提高运维管理工作效率。

### 3. 呼叫中心桌面云

呼叫中心桌面云,是指呼叫中心人员使用桌面云自动灵活处理大量各种不同的电话呼入和呼出业务及服务。客户端采用定制化的瘦客户端或传统 PC 桌面后,客户端硬件维护成本降低。而且云呼叫中心既可以支持局域网本地呼叫座席,也可以支持居家客服的远程工作模式,客户端远程登录速度和可用性大幅提高,确保了业务连续性。与此同时,应用系统的集中部署和管理安全高效,杜绝信息流失隐患,员工无法随意带走客户信息。从而为用户打造一个绿色、高效、可盈利的呼叫中心。呼叫中心桌面云解决方案,可以在普通桌面云系统中部署 UAP(呼叫中心接入设备)/AIP(增强智能外设),同时兼容 TDM(时分复用)、IP 方式,呼叫中心桌面云解决方案如图 4-5 所示。

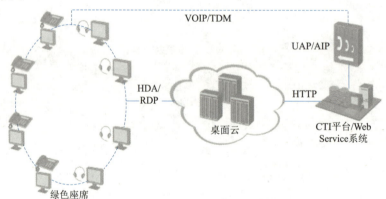

图 4-5 呼叫中心桌面云解决方案

呼叫中心桌面云有如下特点:

1)支持平滑迁移

完善的呼叫中心平台和桌面云集成方案,可平滑迁移客户原有呼叫中心。

2)快速应用,优质语音

华为桌面云系统整合华为数据通信、电信设备设计制造的优势,专门针对座席使用的客户管理类应用(C/S 类型或者 B/S 类型应用),及语音数据流优化传输 QoS 和传输时延,提供

## 项目 4　桌面云搭建

了桌面应用的快速响应特点和优质语音体验。华为桌面云系统支持端到端的 HAD（华为桌面代理）连接扩展 HDX（高清体验）特性，由支持 HDX 的 TC 终端配合，能够提供专业级桌面影音体验。

3）运维成本降低

华为桌面云支持同类应用的共享部署模式，节省了虚拟桌面实际的资源占用，方便维护和升级。采用 TC 终端替代传统 PC，降低呼叫中心的噪声、电力消耗，为客户打造绿色呼叫中心。

4）方案丰富

针对呼叫中心桌面云解决方案，华为提供了三种具体方案：硬件电话方案、TC 嵌入语音软件方案、虚拟桌面嵌入语音软件方案。

### 4. 营业厅桌面云

营业厅是用户进行业务办理、信息查询的平台。营业厅桌面云使用云终端替代传统 PC，支持终端即插即用即恢复的零维护方式，支持双屏，支持所有外设，占地面积小、噪声小、易管理维护。云终端通过预置具备广泛兼容性的驱动插件，支持常见的串口、并口、USB 口外设，降低部署难度。营业厅桌面云解决方案如图 4-6 所示。

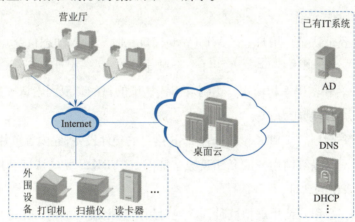

图 4-6　营业厅桌面云解决方案

营业厅桌面云有如下特点：

1）利用原有设备

支持与企业已有的 IT 系统对接，充分利用已有外围设备，并可统一部署和管理外围设备驱动，保证即插即用的客户体验。

2）部署迅速

运营软件通过云平台集中推送，做到大规模快速软件安装部署，便于企业统一新业务上线。

3）支持客户自助系统

支持客户自助系统在桌面云的部署，可免认证使用企业为客户提供的系统，支持即时打印服务清单等功能。

### 5. 高安全桌面云

高安全桌面云能够为企业桌面云提供高安全的信息保护，避免因信息丢失或泄密导致的重大损失，高安全桌面云解决方案如图 4-7 所示。

图 4-7　高安全桌面云解决方案

1）高安全桌面云安全方案包含如下五个方面

（1）指纹登录认证。指纹仪是一种能够自动读取指纹图像，并通过 USB 接口把数字化指纹图像传送到计算机的终端工具。指纹登录认证利用自动指纹识别系统，通过特殊的光电转换设备和计算机图像处理技术，对用户指纹进行采集、分析和比对，自动、迅速、准确地鉴别出个人身份。

（2）动态口令登录认证。用户登录 WI（Web 接口）时需输入动态口令、域用户名和密码。动态口令由动态口令令牌卡提供。动态口令令牌卡会生成一次性口令（One-time Password, OTP），配合域用户名和密码一起使用，达到双因素认证的目的。双因素认证方式能够为用户登录 WI 提供更强的访问控制能力。

（3）USBKey 登录认证。USBKey 是一种 USB 接口的硬件设备，它内置单片机或智能卡芯片，有一定的存储空间，可以存储用户的私钥及数字证书。USBKey 登录认证利用 USBKey 内置公钥算法实现对用户身份的认证。

（4）安全网关。当用户使用虚拟机时，实现对用户数据流的加密，保证用户访问信息的安全性和可靠性。

（5）固定客户端接入。信息安全级别高的场景下，要求办公人员在固定的地点办公，且只能访问固定桌面，保证不在其他地方访问敏感信息，从而保证信息的安全性。系统支持设备与用户绑定、用户与虚拟机绑定，用户只能通过与其绑定的设备访问绑定虚拟机。

2）高安全桌面云有如下两个特点

（1）数据安全性提高。多种安全方案的实施，可以有效避免系统被非法侵入，防止信息资产丢失和泄密，提高信息资产的安全。

（2）投资成本低

在基本桌面云解决方案基础上，部署相关的软硬件即可实现高安全桌面云。

### 6. 应用虚拟化桌面云

应用虚拟化桌面云是一种基于 Windows Server 服务器集中管理发布共享桌面及远程应用的桌面云。用户无须安装本地应用，即可获得跨终端、更加安全的应用及桌面。它将用户使用的应用程序与操作系统解耦合，为应用程序提供一个虚拟的运行环境，从而使得不同地域、使用不同终端设备的用户，获得如同运行本地应用程序一样的访问感受。应用虚拟化具有应用和数据的高安全性。应用虚拟化桌面云解决方案如图 4-8 所示。

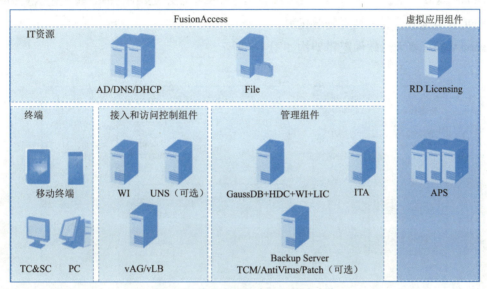

图 4-8　应用虚拟化桌面云解决方案

1）应用虚拟化桌面云主要用在如下两种场景

（1）简单办公场景。简单办公场景的特征是计算机主要用来进行日常办公及固定行业软件使用。针对这种场景，若采用普通虚拟桌面或 PC 解决方案，用户只使用了虚拟桌面或 PC 很少的部分功能，但仍需购买 PC，增加了成本。使用共享桌面或应用虚拟化可以大幅减少用户的硬件投资及操作系统投资。

（2）移动办公场景。随着无线网络的发展，智能移动终端的普及，BYOD（自带设备办公）也成为企业员工提高办公效率的一大利器。办公人员可在任何时间、任何地点使用移动终端设备，安全快捷地处理与业务相关的任何事情。办公人员摆脱了时间和空间的束缚，可以随时随地进行工作处理，使得工作更加轻松有效，整体运作更加协调，有效提高管理效率，推动企业效益增长。

2）应用虚拟化桌面云有如下两个特点

（1）共享桌面。基于 Windows Server 2012 R2 版本的 RDS 服务（远程桌面服务）来发布的完整桌面，相比普通虚拟桌面更加轻量，用户之间通过会话隔离，远程访问传输采用 HDP（华为桌面协议）协议，用户配置文件漫游数据存储在共享的文件服务器上，存储数据使用共享的存储系统,文件系统与存储系统由第三方提供。

(2)远程应用。基于 Windows Server 2012 R2 版本的 RDS 服务来发布应用,在 Windows Server 上对应用程序进行集中控制和管理,向任何时间、任何地点的用户提供远程应用服务,终端用户无须安装应用程序,即可使用远程应用程序。

### 4.3.4　FusionAccess 桌面云部署方案

FusionAccess 桌面云采用 HDP 协议,具有图像和文字显示更清晰细腻、视频播放更清晰流畅、声音音质更真实饱满、兼容性更好等优势。

FusionAccess 桌面云软件逻辑架构如图 4-9 所示。

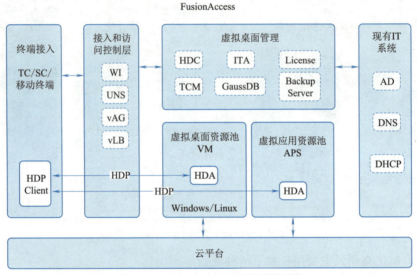

图 4-9　FusionAccess 软件逻辑结构

FusionAccess 桌面云软件逻辑架构中要用到的现有 IT 系统服务包括 AD、DHCP、DNS 等,根据应用还可部署补丁服务器、防病毒服务器。HDP 客户端安装在需要接入虚拟桌面的终端上。用户虚拟机上需安装桌面代理软件 HDA(Huawei Desktop Agent),虚拟机通过该软件与桌面管理组件、接入终端交互。

为避免单节点部署可能带来的低可靠性风险,推荐采用系统可靠性较高的主备部署方案,该标准部署方案支持的用户数为 5 000,标准部署方案必备组件见表 4-1。

表 4-1　标准部署方案必备组件

| 部署组件 | 参数 | 说　　明 |
| --- | --- | --- |
| AD/DNS/DHCP | 操作系统 | Windows Server 2012 R2 Standard 64bit |
| | 规格 | 2vCPU/2 GB 内存 /50 GB 系统盘 /1 块网卡 |
| | 部署方式 | 双节点主备部署,两台虚拟机必须部署在不同 CNA 节点上 |

续上表

| 部署组件 | 参数 | 说 明 |
|---|---|---|
| ITA/GaussDB/HDC/WI/License | 操作系统 | EulerOS 2.3 64 |
| | 规格 | 4vCPU/12 GB 内存 /40 GB 系统盘 /2 块网卡 |
| | 部署方式 | 双节点主备部署,两台虚拟机必须部署在不同 CNA 节点上 |
| vAG/vLB | 操作系统 | EulerOS 2.3 64 |
| | 规格 | 4vCPU/4 GB 内存 /30 GB 系统盘 /2 块网卡 |
| | 部署方式 | 双节点主备部署,两台虚拟机必须部署在不同 CNA 节点上 |

考虑到当前网络安全形势,为保证桌面云平台更安全可靠地运行,并提高企业的数据备份与容灾能力,可部署其他可选功能组件。标准部署方案可选组件见表 4-2。

表 4-2 标准部署方案可选组件

| 部署组件 | 参数 | 说 明 |
|---|---|---|
| TCM（终端管理系统） | 操作系统 | EulerOS 2.3 64 |
| | 规格 | 4vCPU/4 GB 内存 /250 GB 系统盘 /1 块网卡 |
| | 部署方式 | TCM 默认采用免费的 MySQL 数据库,该数据库与 TCM 合一部署 |
| Backup Server | 操作系统 | EulerOS 2.3 64 |
| | 规格 | 2vCPU/2 GB 内存 /100 GB 系统盘 /1 块网卡 |
| | 部署方式 | 当用户没有部署专用的备份服务器时,需要部署一台 Backup Server 虚拟机 |
| AUS（代理升级服务） | 操作系统 | EulerOS 2.3 64 |
| | 规格 | 4vCPU/4 GB 内存 /30 GB 系统盘 /1 块网卡 |
| | 部署方式 | 部署 HDA 升级服务器 |
| UNS（单一名称服务） | 操作系统 | EulerOS 2.3 64 |
| | 规格 | 4vCPU/4 GB 内存 /30 GB 系统盘 /1 块网卡 |
| | 部署方式 | 双节点主备部署,两台虚拟机必须部署在不同 CNA 节点上 |
| AntiVirus/Patch | 操作系统 | Windows Server 2012 R2 Standard 64bit |
| | 规格 | 2vCPU/2 GB 内存 /50 GB 系统盘 /50 GB 用户盘 /1 块网卡 |
| | 部署方式 | 部署防病毒与补丁服务器 |

## 4.3.5 项目任务介绍

本项目在完成本书项目 3 的基础上,以小型企业案例为背景,对旧的办公环境进行升级,使用桌面虚拟化技术取代传统 PC。通过在华为 FusionCompute 虚拟化环境中部署 FusionAccess 桌面云服务,使用虚拟机构建完整虚拟桌面,经由 AD 系统管理企业用户,用户最终可从 PC 或瘦终端使用桌面云客户端远程访问其虚拟桌面。并使用完整复制型虚拟机进行桌面发放,项目中的 FusionAccess 桌面云相关组件参数见表 4-3。

表 4-3　FusionAccess 桌面云组件参数

| 部署组件 | 参数 | 说　　明 |
| --- | --- | --- |
| AD/DNS/DHCP | 操作系统 | Windows Server 2012 R2 Standard 64bit |
| AD/DNS/DHCP | 配置说明 | 2vCPU/2 GB 内存 /50 GB 系统盘 /20 GB 用户盘 /1 块网卡；配置 AD/DHCP/DNS 服务 |
| AD/DNS/DHCP | IP 地址 | 172.16.100.7 |
| AD/DNS/DHCP | AD 域根域名 | vdesktop.huawei.com |
| ITA/GaussDB/HDC/WI/License | 操作系统 | EulerOS 2.3 64 |
| ITA/GaussDB/HDC/WI/License | 配置说明 | 4vCPU/12 GB 内存 /40 GB 系统盘 /2 块网卡<br>安装 ITA/GaussDB/HDC/WI/License 组件 |
| ITA/GaussDB/HDC/WI/License | IP 地址 | 172.16.100.8 |
| Windows 7 模板 | 操作系统 | Windows 7 |
| Windows 7 模板 | 配置说明 | 1vCPU/2 GB 内存 /30 GB 系统盘 /1 块网卡；<br>安装相关办公软件，完整复制型虚拟机 |
| Windows 7 模板 | IP 地址 | 172.16.100.10~172.16.100.50 |

### 4.3.6　IP 规划

在本任务中，华为 FusionAccess 桌面云系统架构各组件 IP 地址分配情况见表 4-4。

表 4-4　IP 地址分配表

| 组件 | 主机名 | IP 地址规划 | 子网掩码 | 网关 |
| --- | --- | --- | --- | --- |
| CNA-01 | CNA-01 | 172.16.100.110 | 255.255.255.0 | 172.16.100.1 |
| VRM | VRM | 172.16.100.111 | 255.255.255.0 | 172.16.100.1 |
| AD/DNS/DHCP | FA-AD-01 | 172.16.100.7 | 255.255.255.0 | 172.16.100.1 |
| ITA/GaussDB/HDC/WI/License | FA-ITADBHDCWILI | 172.16.100.8 | 255.255.255.0 | 172.16.100.1 |
| DHCP 池 | | 172.16.100.10~172.16.100.50 | 255.255.255.0 | 172.16.100.1 |

## 4.4　项目实施

视　频
安装部署AD/DNS/DHCP服务

### 任务 4-1　安装部署 AD/DNS/DHCP 服务

任务描述

- 搭建部署 FusionAccess 桌面云的域环境；
- 安装配置 DNS/DHCP 服务组件。

## 项目 4　桌面云搭建

### 任务目的

- 掌握安装 AD/DNS/DHCP 服务组件；
- 掌握配置 AD 服务；
- 掌握配置 DNS 服务；
- 掌握配置 DHCP 服务。

### 事项需求

- 已完成 FusionCompute 虚拟化平台安装，并可进行平台登录；
- 已获取 Windows Server 2012 R2 Standard 64bit 镜像；
- 本地 PC 已安装 Java 插件；
- 本地 PC 已安装 FusionCommon 客户端插件；
- 环境中建议只创建一个 DHCP 地址池，如果有多个 DHCP 服务，要保证地址池相互独立。

### 知识准备

#### 1. Windows Server 2012 R2

Windows Server 是微软推出的服务器操作系统，是用于构建连接应用程序、网络和服务的基础架构平台。Windows Server 2012 R2 是 Windows Server 服务器系统的更新版本，该服务器系统提供非常丰富的新增功能和特性，其范围覆盖服务器虚拟化、存储、软件定义网络、服务器管理与自动化、Web 与应用程序平台、访问与信息保护、虚拟桌面基础结构等。

#### 2. AD 服务

AD（活动目录）服务是 Windows Server 系列操作系统平台的中心组件之一，活动目录具有如下功能：管理 AD 域、批量管理域用户、批量创建域用户、批量编辑域用户、管理禁用不活跃用户、AD 域密码管理、AD 域计算机管理、终端服务管理等。

#### 3. DHCP 服务

DHCP（动态主机配置协议）服务的主要作用是给计算机分配 IP 地址，运行 DHCP 服务的设备称为 DHCP 服务器。DHCP 是一个局域网的网络协议，使用 UDP 协议进行工作，主要分为服务端和客户端。DHCP 允许服务器向客户端动态分配 IP 地址及相关配置信息。

#### 4. DNS 服务

为了能够使用户更方便地访问互联网，而不用去记忆复杂的 IP 数串，可通过使用域名访问互联网，而将域名转换成对应 IP 地址的过程称为域名解析。DNS（域名服务器）是对域名与其相对应 IP 地址进行解析的服务器。DNS 服务器中保存了一张记录有域名与其相对应 IP 地址的表，用以解析域名。

### 任务实施

#### 1. 安装 Windows Server 2012 R2

（1）使用 VRM 地址登录 FusionCompute 管理系统，在主页面依次单击"虚拟机和模板"→"创建虚拟机"选项，新建"FA-AD-01"虚拟机，用于安装 Windows Server 2012 R2 服务器操作系统，如图 4-10 所示。

图 4-10　登录 FusionCompute 管理系统

（2）在"创建虚拟机"对话框中选择创建类型为"创建新虚拟机"，如图 4-11 所示，单击"下一步"按钮，进入"选择名称和文件夹"配置界面。

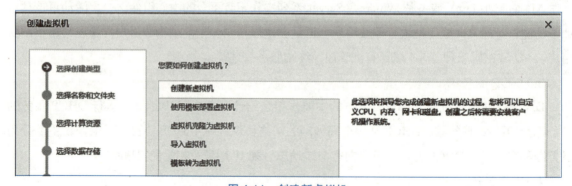

图 4-11　创建新虚拟机

（3）在"选择名称和文件夹"配置界面，填写虚拟机名称为"FA-AD-01"，并选择存放位置为"site"站点，如图 4-12 所示，单击"下一步"按钮。

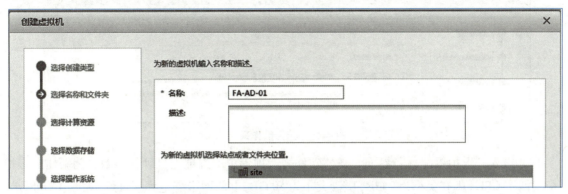

图 4-12 配置虚拟机名称及存储位置

（4）进入"选择计算资源"配置界面，选择"ManagementCluster"集群下的"CNA-01"主机作为计算资源，如图 4-13 所示，单击"下一步"按钮。

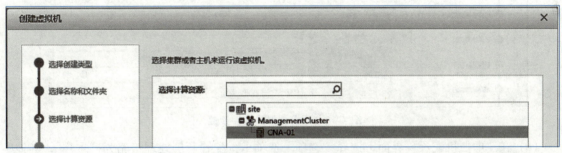

图 4-13 选择计算资源

（5）进入"选择数据存储"配置界面，选择数据存储资源，选择使用"非虚拟化"的数据存储资源，如图 4-14 所示，单击"下一步"按钮。

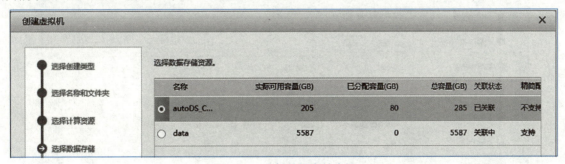

图 4-14 选择数据存储资源

（6）进入"选择操作系统"配置界面，选择 Windows 操作系统类型，操作系统版本号为"Windows Server 2012 R2 Standard 64bit"，如图 4-15 所示，单击"下一步"按钮。

图 4-15 选择操作系统

（7）进入"虚拟机配置"界面，在"硬件"选项卡中配置虚拟机硬件参数。为新建的虚拟机配置两个 CPU，内存大小为 2 GB，磁盘大小为 50 GB，并将网卡绑定到端口组，如图 4-16 所示。

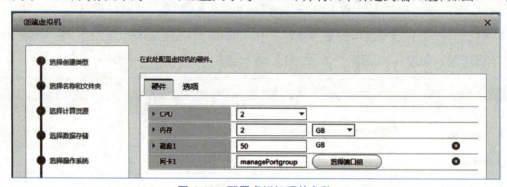

图 4-16 配置虚拟机硬件参数

（8）在"虚拟机配置"界面，选择"选项"选项卡，配置蓝屏处理策略为"重启"，其他参数保持默认，如图 4-17 所示，单击"下一步"按钮。

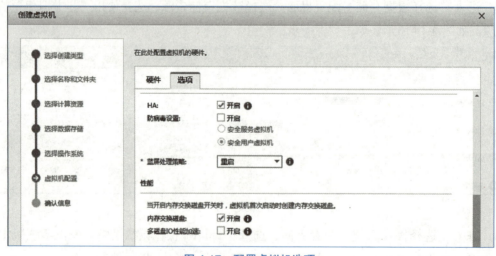

图 4-17 配置虚拟机选项

（9）配置完成，确定相关信息参数准确无误后，单击"完成"按钮，如图 4-18 所示，在弹出的对话框中单击"确定"按钮，完成虚拟机创建，关闭对话框。

项目 4　桌面云搭建

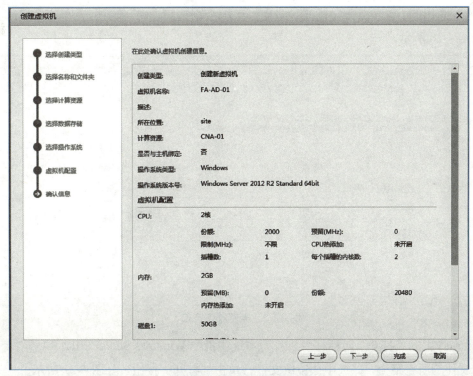

图 4-18　完成虚拟机创建

（10）在 FusionCompute 管理系统的"虚拟机和模板"页面左侧，单击打开新建虚拟机"FA-AD-01"的操作界面，并切换到"硬件"选项卡，选择"光驱"选项，选择挂载光驱方式为"挂载光驱（本地）"，如图 4-19 所示，单击"确定"按钮，打开"光驱管理"窗口。

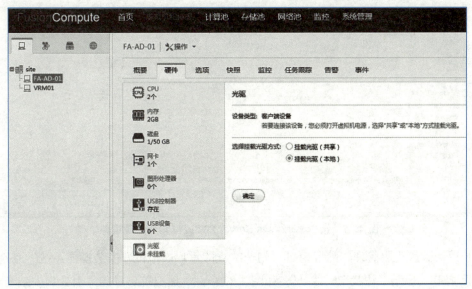

图 4-19　挂载光驱

(11) 在弹出的"光驱管理"配置窗口中，选中"文件（*.iso）"选项，并单击右侧的"浏览"按钮，如图 4-20 所示。

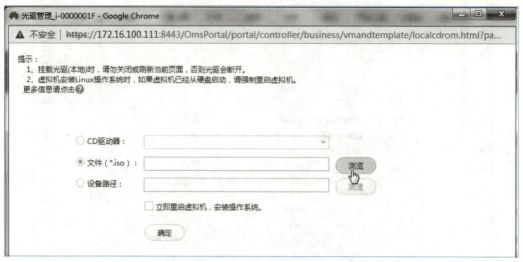

图 4-20　光驱管理窗口

(12) 在弹出的"打开"对话框中，打开本地主机中 Windows Server 2012 R2 操作系统安装光盘镜像文件的所在路径，并选中该镜像文件，单击"打开"按钮，如图 4-21 所示。

图 4-21　选中 Windows Server 2012 R2 操作系统镜像

(13) 返回到"光驱管理"配置窗口，勾选"立即重启虚拟机，安装操作系统"复选框，单击"确定"按钮，提示"挂载光驱成功"，如图 4-22 所示，虚拟机将重启并引导到安装光盘镜像。光盘镜像在使用过程中，注意不要关闭"光驱管理"窗口。

项目 4　桌面云搭建

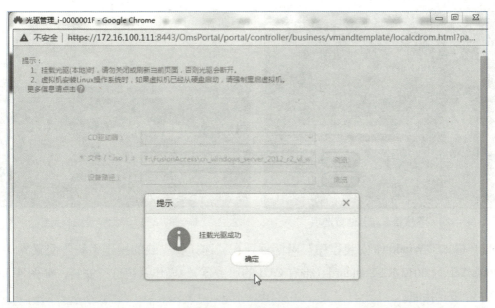

图 4-22　挂载光驱成功

（14）打开虚拟机"FA-AD-01"操作界面的"概要"选项卡，如图 4-23 所示，单击"VNC 登录"按钮，打开虚拟机。

图 4-23　虚拟机概要窗口

（15）在打开的虚拟机中，将看到虚拟机弹出的"Windows 安装程序"窗口，如图 4-24 所示，单击"下一步"按钮。

（16）在"Windows 安装程序"窗口中单击"现在安装"按钮，如图 4-25 所示。

图 4-24 设置语言与其他首选项

图 4-25 开始安装操作系统

（17）进入"Windows 安装程序"对话框，在"选择要安装的操作系统"配置界面，选择"Windows Server 2012 R2 Standard（带有 GUI 的服务器）"操作系统进行安装，如图 4-26 所示，单击"下一步"按钮。

图 4-26 选择要安装的操作系统

（18）进入"许可条款"界面，勾选"我接受许可条款"复选框，如图 4-27 所示，单击"下一步"按钮。

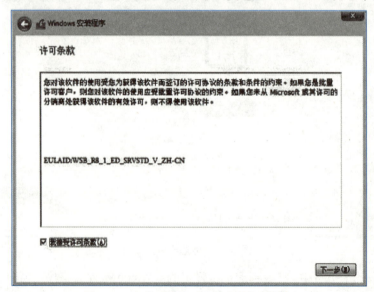

图 4-27 勾选"我接受许可条款"复选框

（19）进入"你想执行哪种类型的安装"界面，选择"自定义"安装，如图 4-28 所示。

项目 4　桌面云搭建

图 4-28　选择安装类型

（20）进入"你想将 Windows 安装在哪里"界面，选择操作系统所需安装的磁盘驱动器，如图 4-29 所示，这里也可先对磁盘驱动器进行分区后再选择安装分区，单击"下一步"按钮，启动系统安装进程，开始安装操作系统。

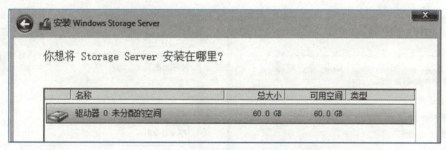

图 4-29　选择磁盘驱动器

（21）操作系统安装完成后，系统会自动重启，按照提示设置"Administrator"管理员密码，如图 4-30 所示。

图 4-30　设置"Administrator"管理员密码

（22）根据提示，在虚拟机 VNC 登录窗口右上角单击"Ctrl+Alt+Del"按钮，如图 4-31 所示。进入用户登录界面，输入 Administrator 管理员密码以完成系统登录。

图 4-31　单击"Ctrl+Alt+Del"按钮登录系统

**2．服务器基本配置与服务安装**

（1）在"FA-AD-01"虚拟机的操作系统安装完成并能成功登录后，需要对其 IP 地址信息进行修改。在"FA-AD-01"虚拟机中设置网卡的 IP 地址为"172.16.100.7"，默认网关为"172.16.100.1"，首选 DNS 服务器地址为"172.16.100.7"，如图 4-32 所示。

（2）接下来修改"FA-AD-01"虚拟机的主机名，在控制面板中打开"系统"对话框，依次单击"计算机名"→"更改"按钮，设置计算机名为"FA-AD-01"，如图 4-33 所示，单击"确定"按钮。

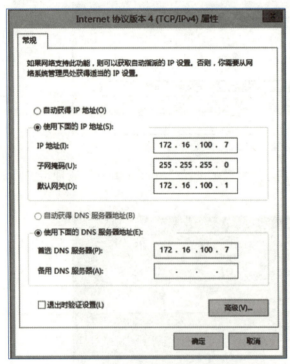

图 4-32　设置网卡 IP 地址信息

图 4-33　更改计算机名

（3）主机名修改完成后，根据提示，需重启虚拟机。再次使用 Administrator 账号登录虚拟机系统，接下来安装相关服务组件。打开"服务器管理器"窗口，如图 4-34 所示。

项目 4　桌面云搭建

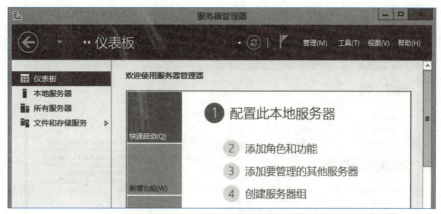

图 4-34　"服务器管理器"窗口

（4）在"服务器管理器"窗口中单击"添加角色和功能"，打开"添加角色和功能向导"配置窗口，单击"下一步"按钮；进入"安装类型"配置界面，选择"基于角色或基于功能的安装"单选按钮，如图 4-35 所示，单击"下一步"按钮。

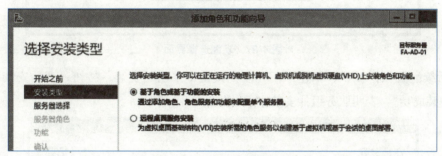

图 4-35　"添加角色和功能向导"窗口

（5）进入"服务器选择"配置界面，保持默认选项，单击"下一步"按钮。

（6）进入服务器角色选择界面，勾选"Active Directory 域服务""DHCP 服务器""DNS 服务器"等角色，如图 4-36 所示，单击"下一步"按钮。

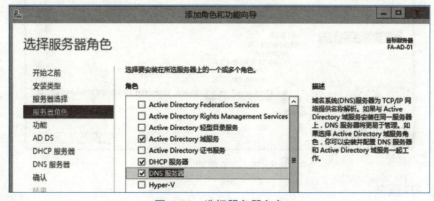

图 4-36　选择服务器角色

(7) 进入功能选择界面,勾选".NET Framework 4.5 功能"复选框,如图 4-37 所示,单击"下一步"按钮。

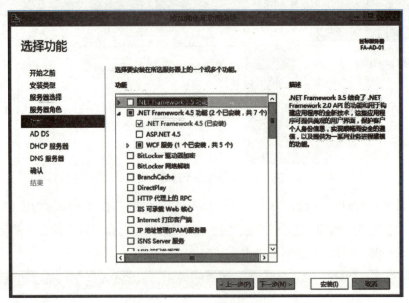

图 4-37　功能选择界面

(8) 后续配置保持默认,单击"下一步"按钮,单击"安装"按钮,开始安装服务组件,当提示"安装成功",表明服务组件安装完成,如图 4-38 所示。

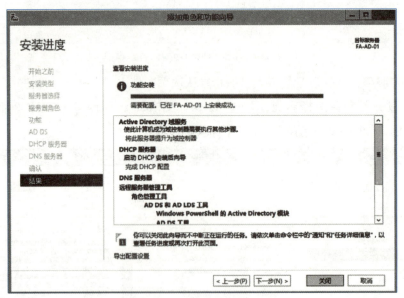

图 4-38　服务组件安装完成

3．配置 AD 服务

(1) 在"FA-AD-01"虚拟机的"服务器管理器"窗口右上方单击感叹号警告标志,在弹出的选项栏中单击"将此服务器提升为域控制器",如图 4-39 所示。

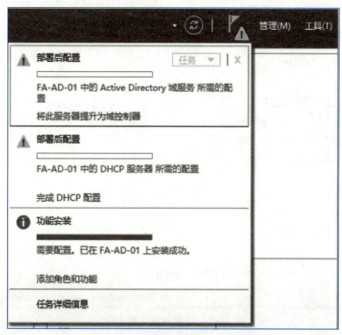

图 4-39　单击"将此服务器提升为域控制器"

(2) 在弹出的"Active Directory 域服务配置向导"窗口中选择"添加新林"单选按钮,并输入根域名"vdesktop.huawei.com",如图 4-40 所示,单击"下一步"按钮。

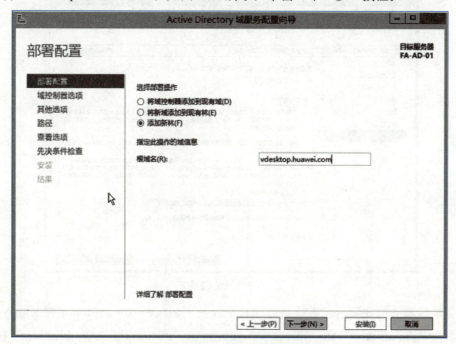

图 4-40　Active Directory 域服务配置向导

(3)进入"域控制器选项"配置界面,设置目录服务还原模式密码,如图 4-41 所示,单击"下一步"按钮。

图 4-41　设置域控制器选项

(4)后续相关选项参数保持默认,如图 4-42 所示,在先决条件检查都成功通过后,单击"安装"按钮,开始安装域服务。

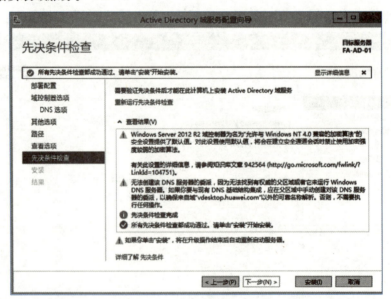

图 4-42　安装域服务

(5)完成域服务的安装后,系统将自动重启,使用域账户 Administrator 登录服务器,账号格式为"域名\Administrator",如"vdesktop\Administrator",密码为原"Administrator"账户密码,如图 4-43 所示。

项目 4　桌面云搭建

图 4-43　使用域账户登录系统

（6）在"服务器管理器"窗口右上方打开"工具"菜单，选择"Active Directory 用户和计算机"命令，如图 4-44 所示。

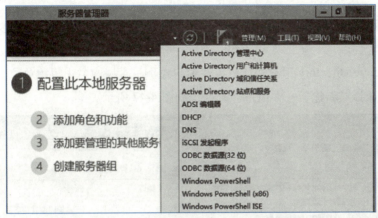

图 4-44　选择"Active Directory 用户和计算机"命令

（7）打开"Active Directory 用户和计算机"窗口，在左侧目录树中右击"vdesktop.huawei.com"计算机，在弹出的快捷菜单中选择"新建"→"组织单位"命令，如图 4-45 所示。

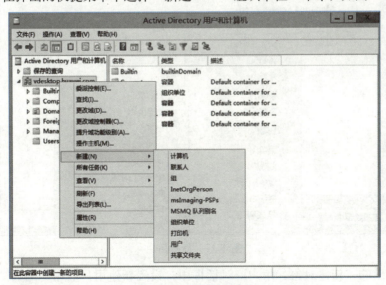

图 4-45　新建组织单位

(8) 在弹出的"新建对象 – 组织单位"对话框中，设置新建的组织单位名称为"userOU"，该组织单位用于管理桌面云系统的用户，如图 4-46 所示，单击"确定"按钮。

图 4-46　创建组织单位名称

(9) 在"Active Directory 用户和计算机"窗口左侧目录树中右击组织单位"userOU"，在弹出的快捷菜单中选择"新建"→"用户"命令，如图 4-47 所示。

图 4-47　新建用户

(10) 在弹出的"新建对象 – 用户"对话框中，设置新建用户的用户名为"vdsadmin"，作为域管理员账号，如图 4-48 所示，单击"下一步"按钮。

## 项目 4  桌面云搭建

（11）设置"vdsadmin"用户的密码，并勾选"密码永不过期"复选框，如图 4-49 所示，单击"下一步"按钮，完成用户的创建。

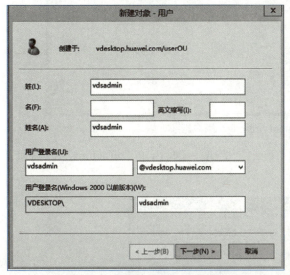
图 4-48  设置新建用户名

图 4-49  设置用户密码

（12）在"Active Directory 用户和计算机"窗口左侧目录树中右击"vdsadmin"用户，在弹出的快捷菜单中选择"属性"命令，弹出"vdsadmin 属性"对话框，选择"隶属于"选项卡，如图 4-50 所示，单击"添加"按钮。

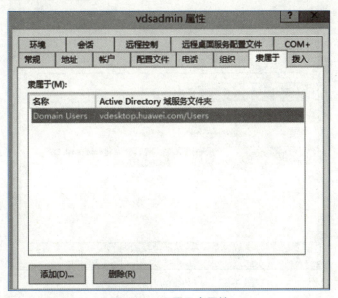
图 4-50  设置用户属性

（13）在弹出的对话框中单击"高级"按钮，单击"立即查找"按钮，找到并选中"Domain Admins"用户组，如图 4-51 所示，单击"确定"按钮。

图 4-51　搜索"Domain Admins"用户组

（14）单击"vdsadmin 属性"对话框下方的"确定"按钮，此时用户"vdsadmin"已隶属于域管理员用户组，成为域管理员，如图 4-52 所示。

图 4-52　vdsadmin 用户配置完成

### 4. 配置 DNS 域名反向解析

（1）在"服务器管理器"窗口右上方打开"工具"菜单，选择"DNS"命令，打开 DNS 管理器窗口，如图 4-53 所示。

项目 4　桌面云搭建

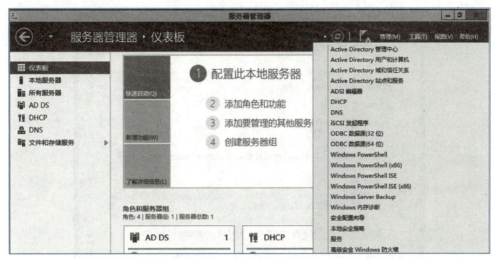

图 4-53　打开 DNS 管理器

（2）在 DNS 管理器窗口左侧目录树中展开目录，找到并右击"反向查找区域"，在弹出的快捷菜单中选择"新建区域"命令，如图 4-54 所示。

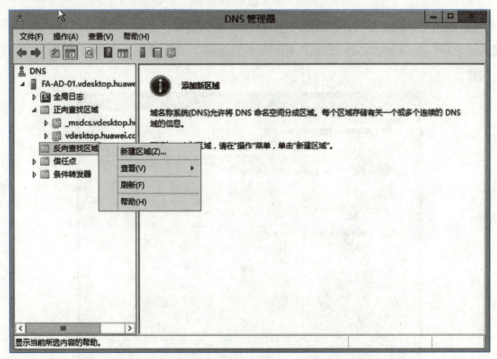

图 4-54　选择"新建区域"命令

（3）在弹出的"新建区域向导"对话框中，单击"下一步"按钮，进入区域类型选择界面，选择创建"主要区域"，如图 4-55 所示，单击"下一步"按钮，进入"如何复制区域数据"配置界面。

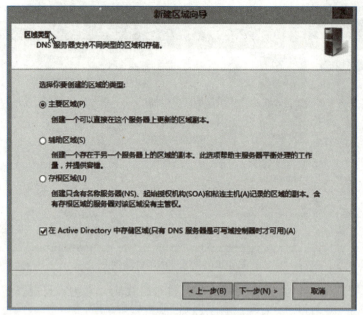

图 4-55　设置区域类型

（4）在"如何复制区域数据"配置界面，保持默认设置，单击"下一步"按钮，进入"反向查找区域名称"配置界面，选择"IPv4 反向查找区域"单选按钮，如图 4-56 所示，单击"下一步"按钮。

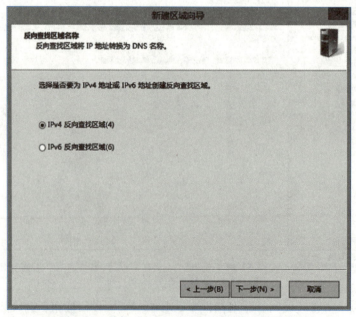

图 4-56　选择"IPv4 反向查找区域"单选按钮

（5）进入"反向查找区域名称"配置界面，在"网络 ID"下的文本框中输入反向解析 IP 地址段，地址段为"172.16.100."，如图 4-57 所示，单击"下一步"按钮。

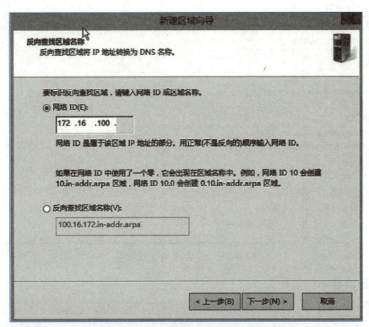

图 4-57 配置 IPv4 反向查找区域

(6) 进入"动态更新"配置界面,保持默认的动态更新类型,如图 4-58 所示,单击"下一步"按钮,完成 DNS 域名反向解析配置。

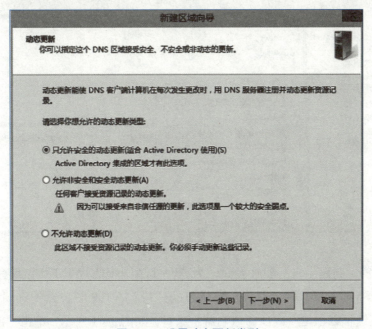

图 4-58 设置动态更新类型

(7) 在"DNS 管理器"窗口左侧目录树中,单击"反向查找区域"目录,可以查看新增的反向查找区域信息,如图 4-59 所示。

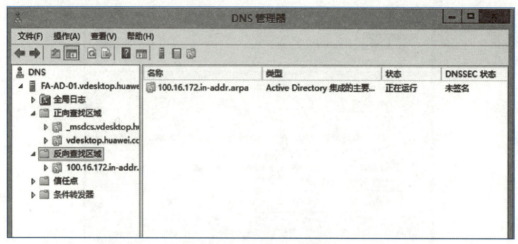

图 4-59 查看反向区域信息

### 5．配置 DNS 域名正向解析

（1）在"DNS 管理器"窗口左侧目录树中，展开"正向查找区域"目录，右击"vdesktop.huawei.com"正向区域，在弹出的快捷菜单中选择"新建主机"命令，如图 4-60 所示。

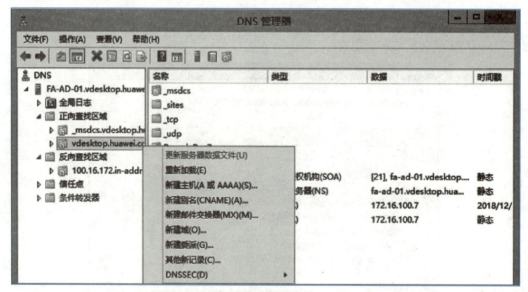

图 4-60 新建主机

（2）在弹出的"新建主机"配置界面，为"FA-ITADBHDCWILI"主机添加对应域名解析条目，名称为"FA-ITADBHDCWILI"，IP 地址为"172.16.100.8"，并勾选"创建相关的指针（PTR）记录"复选框以创建对应反向域名解析条目，如图 4-61 所示，单击"添加主机"按钮，完成新建主机配置。

项目 4　桌面云搭建

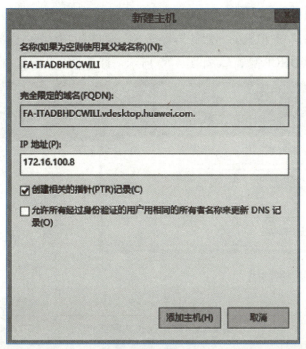

图 4-61　配置新建主机

（3）在"服务器管理器"窗口左侧目录树中，展开"反向查找区域"目录，单击反向区域"100.16.172.in-addr-arpa"，可看到"172.16.100.8"反向域名解析条目添加成功，如图 4-62 所示，该条目为"FA-ITADBHDCWILI"主机的反向域名解析条目。

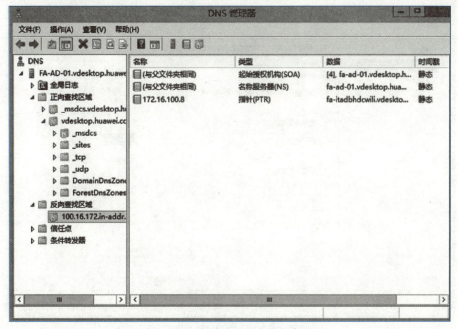

图 4-62　查看反向域名解析条目

6．配置 DHCP 服务

（1）在"FA-AD-01"虚拟机的"服务器管理器"窗口右上方单击感叹号警告标志，在弹出的选项栏中单击"完成 DHCP 配置"，如图 4-63 所示，打开 DHCP 配置向导对话框。

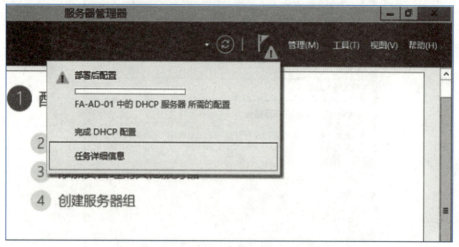

图 4-63　打开 DHCP 配置向导

（2）在"DHCP 安装后配置向导"对话框的描述界面保持默认配置，单击"下一步"按钮；在授权界面同样保持默认配置，单击"提交"按钮，如图 4-64 所示，关闭"DHCP 安装后配置向导"对话框。

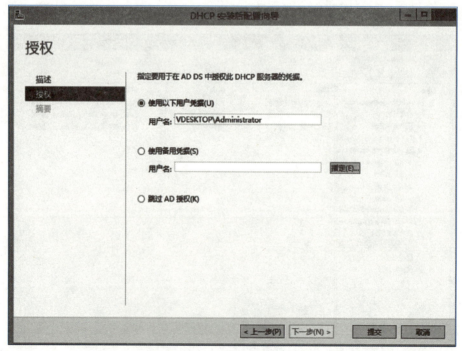

图 4-64　设置 DHCP 授权

项目 4　桌面云搭建

(3) 在"服务器管理器"窗口右上方打开"工具"菜单,选择"DHCP"命令,打开 DHCP 服务器,如图 4-65 所示。

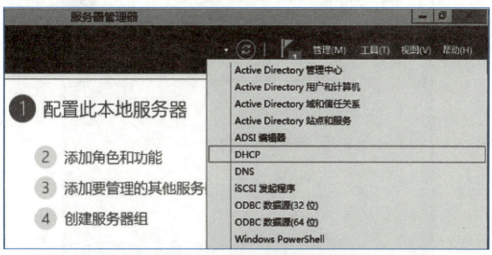

图 4-65　打开 DHCP 服务器

(4) 在 DHCP 服务器配置窗口展开左侧的目录树,右击"IPv4",在弹出的快捷菜单中选择"新建作用域"命令,如图 4-66 所示,打开"新建作用域向导"对话框。

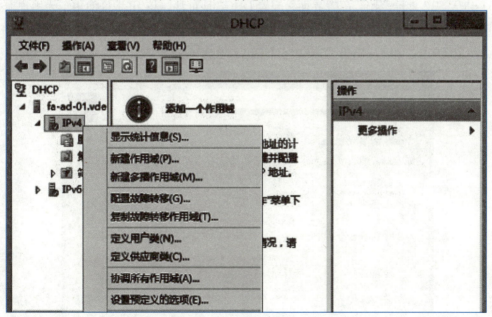

图 4-66　新建作用域

(5) 在"新建作用域向导"对话框中单击"下一步"按钮,进入"作用域名称"配置界面,输入作用域名称及描述信息,名称为"FA",如图 4-67 所示,单击"下一步"按钮。

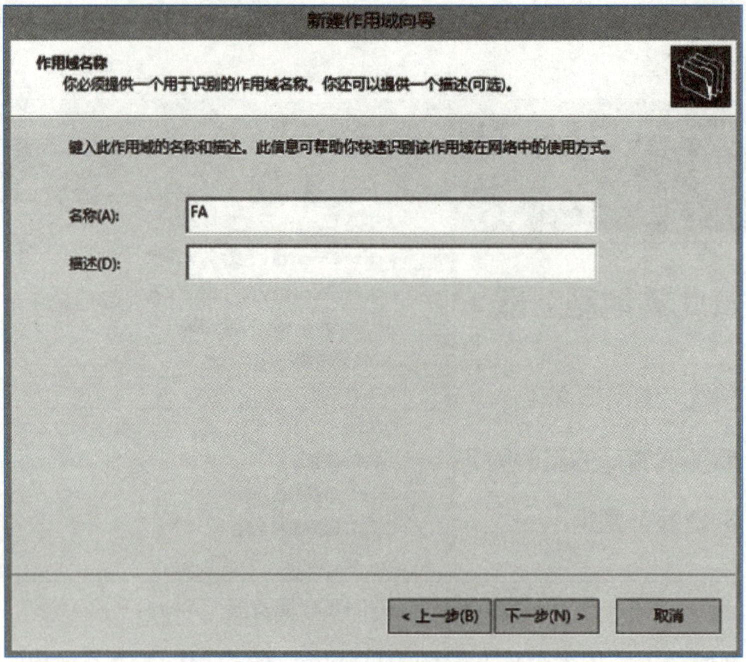

图 4-67 配置作用域名称及描述信息

（6）进入"IP 地址范围"配置界面，配置 DHCP 地址池，该 IP 地址池用于为用户虚拟机分配 IP 地址。按照 IP 地址规划表中的规划，地址池起始 IP 地址为"172.16.100.10"，结束 IP 地址为"172.16.100.50"，子网掩码为"255.255.255.0"，如图 4-68 所示，单击"下一步"按钮。

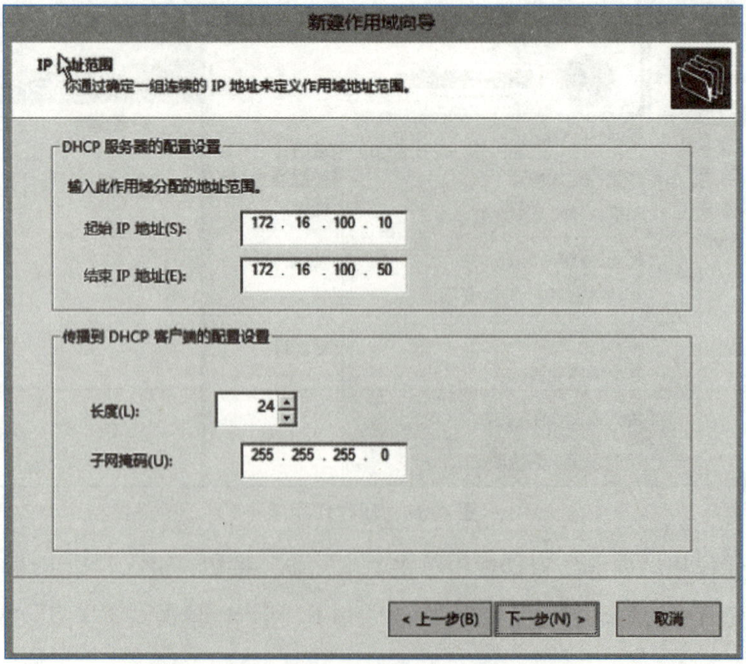

图 4-68 配置 IP 地址范围

（7）进入"添加排除和延迟"配置界面，此处没有排除的 IP 地址，可不填写，单击"下一步"按钮。

（8）进入"租用期限"配置界面，DHCP 租用期限配置为默认值，单击"下一步"按钮。

（9）进入"配置 DHCP 选项"配置界面，选择"是，我想现在配置这些选项"单选按钮，如图 4-69 所示，单击"下一步"按钮。

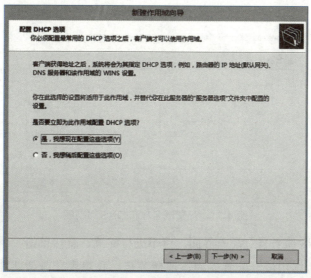

图 4-69  配置 DHCP 选项

（10）进入"路由器（默认网关）"配置界面，在"IP 地址"文本框中输入网关地址"172.16.100.1"，如图 4-70 所示，单击"添加"按钮，并单击"下一步"按钮。

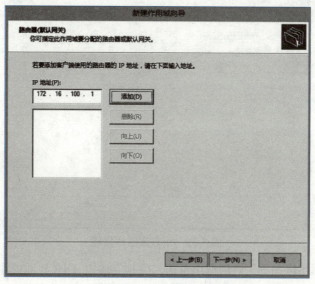

图 4-70  配置默认网关

(11) 进入"域名称和 DNS 服务器"配置界面，保持默认配置，如图 4-71 所示，单击"下一步"按钮。

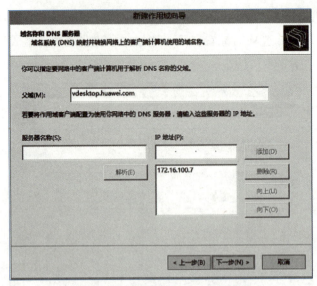

图 4-71　配置域名称和 DNS 服务器

(12) 进入"WINS 服务器"配置界面，可不进行配置，直接单击"下一步"按钮。

(13) 进入"激活作用域"配置界面，选择"是，我想现在激活此作用域"单选按钮，如图 4-72 所示，单击"下一步"按钮。

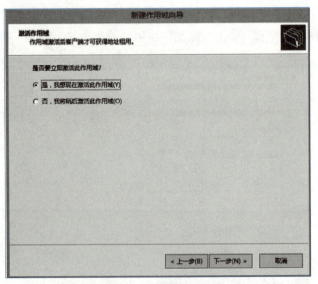

图 4-72　配置激活作用域

(14) 在"新建作用域向导"对话框中单击"完成"按钮，DHCP 地址池配置完成；在"DHCP 管理器"窗口左侧目录树中，可查看新增的地址池信息，地址池已处于活动状态，如图 4-73 所示。

项目 4　桌面云搭建

图 4-73　完成 DHCP 服务配置

## 任务 4-2　安装部署 FusionAccess 服务组件

安装部署
FusionAccess
服务组件

 **任务描述**

安装 FusionAccess 桌面云系统服务组件。

 **任务目的**

掌握安装部署 ITA/GaussDB/HDC/WI/License 服务组件。

 **事项需求**

- 已完成 FusionCompute 虚拟化平台安装；
- 已获取 FusionAccess_Linux_Installer_V100R006C00SPC100.iso 镜像文件；
- 本地 PC 与 VRM 能够正常通信；
- 本地 PC 已安装 Java；
- 本地 PC 已安装 FusionCommon 客户端插件。

**知识准备**

1. EulerOS

EulerOS 是目前最安全的服务器操作系统之一，能够提供各种安全技术以防止入侵，保障系统安全。EulerOS 基于 CentOS 稳定版本，简单易用，并且为客户提供增强的安全性、良好兼容性以及高可靠性。它能够满足企业在实际应用中对操作系统不断增长的需求，为用户提供富有竞争力的开放式 IT 平台。EulerOS 在编译系统、虚拟存储系统、CPU 调度、IO 驱动、网络和文件系统等方面做了大量的优化。作为高性能的操作系统平台，EulerOS 能够满足用户严苛的工作负载需求。EulerOS 集成了先进的 Linux 技术，在高性能、稳定性、可用性和可扩展性方面为企业用户带来更多价值。因此，EulerOS 十分适合作为 FusionAccess 桌面云的架构机，用于安装 FusionAccess 桌面云管理软件。

### 2. ITA

ITA（IT 适配器）是 FusionAccess 桌面云的功能组件之一，ITA 为用户管理虚拟机提供接口，其通过与 HDC（Huawei Desktop Controller）、云平台软件 FusionCompute 的交互，实现虚拟机的创建与分配、虚拟机状态管理、虚拟机模板管理、虚拟机系统操作维护等功能。

### 3. GaussDB 数据库

GaussDB 是 FusionAccess 功能组件之一，GaussDB 为 ITA、HDC 提供数据库，用于存储数据信息。

### 4. HDC

HDC（华为桌面控制器）是 FusionAccess 虚拟桌面管理软件的核心组件，根据 ITA 发送请求进行桌面组的管理，用户和虚拟桌面的关联管理，处理虚拟机登录的相关请求等。

### 5. WI

WI（Web 接口）是 FusionAccess 功能组件之一，WI 为最终用户提供 Web 登录界面，在用户发起登录请求时，将用户的登录信息（如加密后的用户名和密码）转发到 AD 服务器上进行用户身份验证；用户通过身份验证后，WI 将 HDC 提供的虚拟机列表呈现给用户，为用户访问虚拟机提供入口。

### 6. License 服务器

License 服务器是 FusionAccess 功能组件之一，作为 License 的管理与发放系统，负责 HDC 的 License 管理与发放。

## 任务实施

### 1. 创建虚拟机

（1）登录 FusionCompute 管理系统，在主页面依次单击"虚拟机和模板"→"创建虚拟机"选项，新建"FA-ITADBHDCWILI"虚拟机，作为安装 FusionAccess 桌面云系统的架构机，如图 4-74 所示。

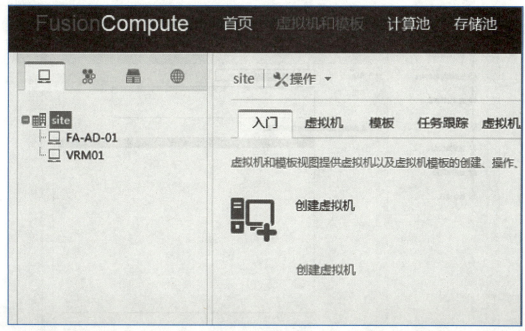

图 4-74　创建虚拟机

（2）在"创建虚拟机"对话框中选择创建类型为"创建新虚拟机",如图 4-75 所示,单击"下一步"按钮,进入"选择名称和文件夹"配置界面。

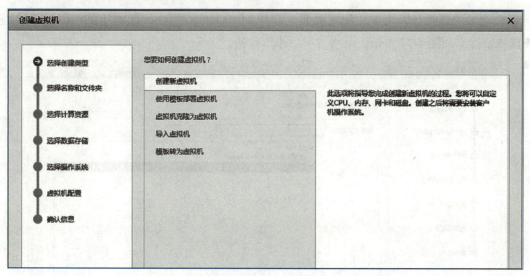

图 4-75　选择创建类型

（3）在"选择名称和文件夹"配置界面,填写虚拟机名称为"FA-ITADBHDCWILI",并选择存放位置为"site"站点,如图 4-76 所示,单击"下一步"按钮。

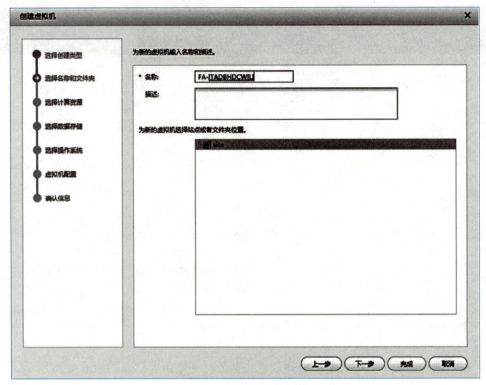

图 4-76　配置虚拟机名称及存储位置

（4）进入"选择计算资源"配置界面，选择 ManagementCluster 集群下的"CNA-01"主机作为计算资源，如图 4-77 所示，单击"下一步"按钮。

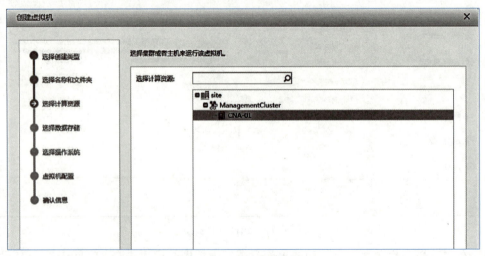

图 4-77　选择计算资源

（5）进入"选择数据存储"配置界面，选择数据存储资源，选择使用"非虚拟化"的数据存储资源，如图 4-78 所示，单击"下一步"按钮。

项目 4　桌面云搭建

图 4-78　选择数据存储资源

（6）进入"选择操作系统"配置界面，选择 Linux 操作系统类型，操作系统版本号为"Novell SUSE Linux Enterprise Server 11 SP3 64bit"，如图 4-79 所示，单击"下一步"按钮。

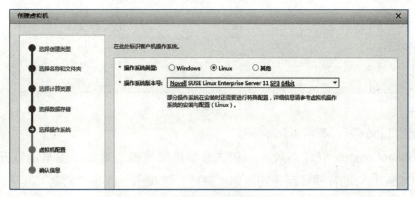

图 4-79　选择操作系统

（7）进入"虚拟机配置"界面，配置虚拟机硬件参数。为新建的虚拟机配置 4 个 CPU，内存 12 GB，磁盘 40 GB，并将网卡绑定到端口组，如图 4-80 所示。

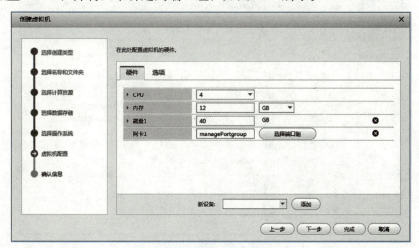

图 4-80　配置虚拟机硬件参数

（8）配置完成，确定相关信息参数准确无误后，单击"完成"按钮，如图 4-81 所示，在弹出的对话框单击"确定"按钮，完成虚拟机创建，关闭对话框。

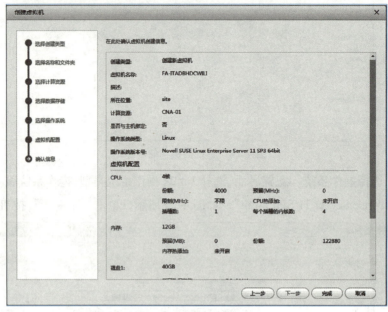

图 4-81　完成虚拟机创建

### 2. 安装配置 Linux 基础架构操作系统

（1）在 FusionCompute 管理系统中，在"虚拟机和模板"页面左侧单击打开新建虚拟机"FA-ITADBHDCWILI"的操作界面，切换到"硬件"选项卡，选择"光驱"选项，选择挂载光驱方式为"挂载光驱（本地）"，如图 4-82 所示，单击"确定"按钮，打开"光驱管理"窗口。

图 4-82　挂载光驱

## 项目 4　桌面云搭建

（2）在弹出的"光驱管理"配置窗口中，选中"文件（*.iso）"选项，并单击右侧的"浏览"按钮，如图 4-83 所示。

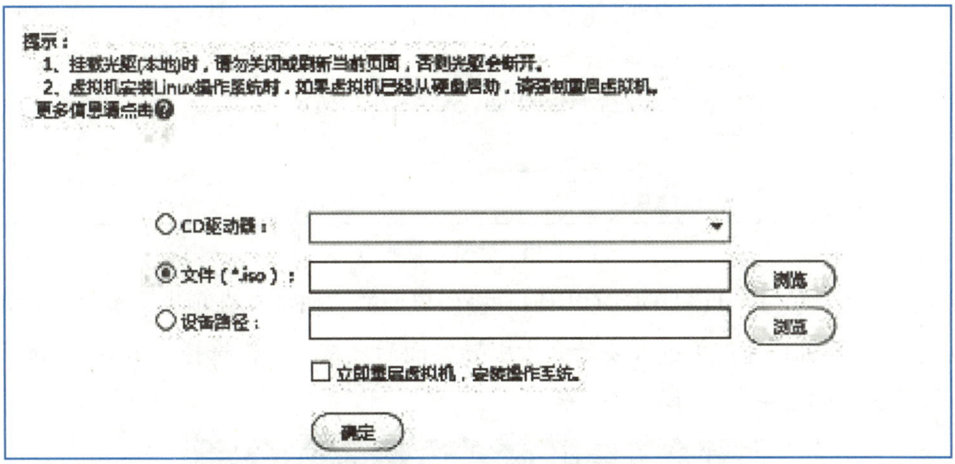

图 4-83　光驱管理窗口

（3）在弹出的"打开"对话框中，打开本地主机中 FusionAccess_Linux 操作系统安装光盘镜像文件的所在路径，选中该镜像文件，单击"打开"按钮，如图 4-84 所示。

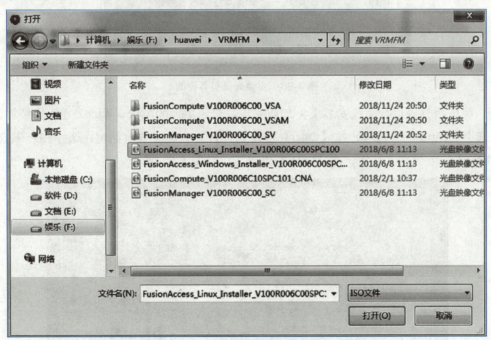

图 4-84　选中 FusionAccess_Linux 操作系统镜像

（4）返回到"光驱管理"配置界面，勾选"立即重启虚拟机，安装操作系统"复选框，单击"确定"按钮，提示"挂载光驱成功"，如图 4-85 所示，虚拟机将重启并引导到操作系统安装光盘镜像。光盘镜像在使用过程中，注意不要关闭"光驱管理"窗口。

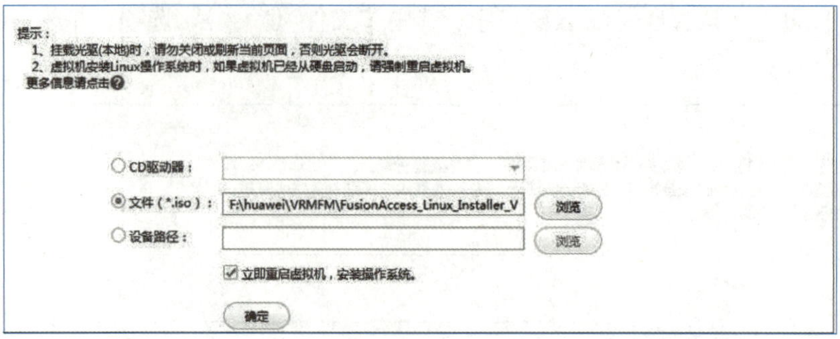

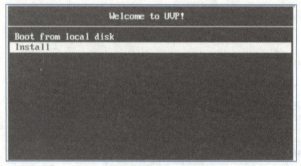

图 4-85  挂载光驱成功

(5) 打开虚拟机"FA-ITADBHDCWILI"操作界面的"概要"选项卡,单击"VNC 登录"按钮,登录到虚拟机;虚拟机进入安装光盘引导界面后,按上下键选择"Install"选项,并按【Enter】键确认,如图 4-86 所示。

图 4-86  安装光盘引导界面

(6) 等待两分钟后,系统安装文件加载完成,进入 FusionAccess_Linux 系统安装界面,按上下键选中"Partition"选项,按【Enter】键确认,打开分区配置对话框;选择相应磁盘分区,按【Tab】键选中"OK"按钮,按【Enter】键确认,如图 4-87 所示。

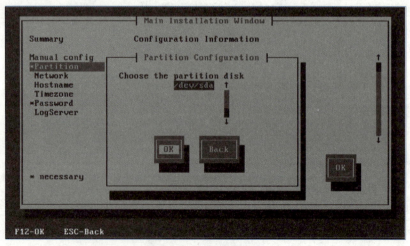

图 4-87  配置磁盘分区

(7) 在主安装界面按上下键选中"Network"选项,如图 4-88 所示,按【Enter】键确认,打开网络配置对话框。

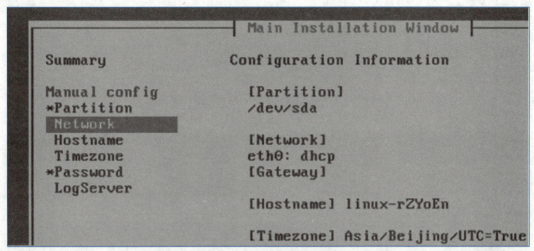

图 4-88　打开网络信息窗口

(8) 在网络配置对话框中选中虚拟机网卡"eth0",如图 4-89 所示,按【Enter】键打开网卡配置对话框。

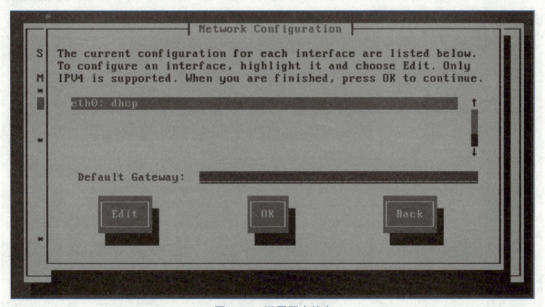

图 4-89　配置网卡信息

(9) 在网卡配置对话框中,按上下键选中"Manual address configuration"选项,使用手动方式设置 IP 地址信息,并按【Enter】键确认;在网卡配置对话框下方输入框中输入相应的 IP 信息,如 IP 地址为"172.16.100.8",子网掩码为"255.255.255.0",并选中"OK"按钮,按【Enter】键以确定配置,如图 4-90 所示。

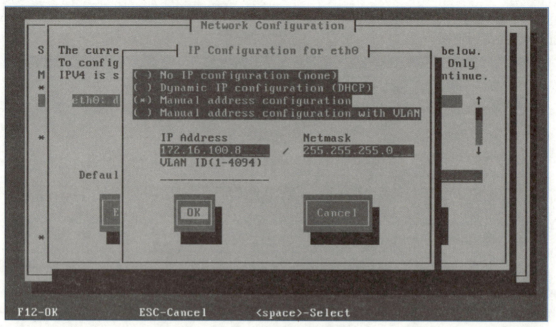

图 4-90　配置网卡 IP 地址

（10）返回到网络配置对话框，配置虚拟机默认网关为"172.16.100.1"，按【Tab】键选中"OK"按钮，按【Enter】键以确认网络配置，如图 4-91 所示。

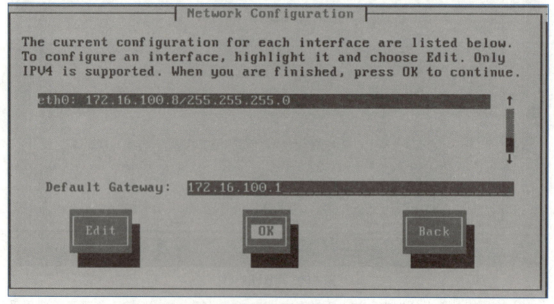

图 4-91　配置默认网关

（11）在主安装界面按上下键选中"Hostname"选项，按【Enter】键打开"Hostname Configuration"对话框，设置虚拟机主机名为"FA-ITADBHDCWILI"，并保存设置，如图 4-92 所示。

项目 4 桌面云搭建

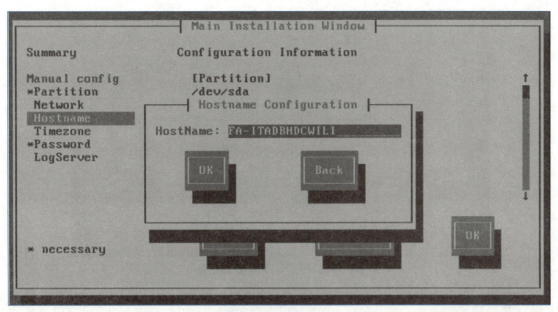

图 4-92 配置主机名

(12)在主安装界面按上下键选中"Password"选项,按【Enter】键确认,在打开的"Root Password Configuration"对话框中设置"root"用户密码,并保存,如图 4-93 所示。

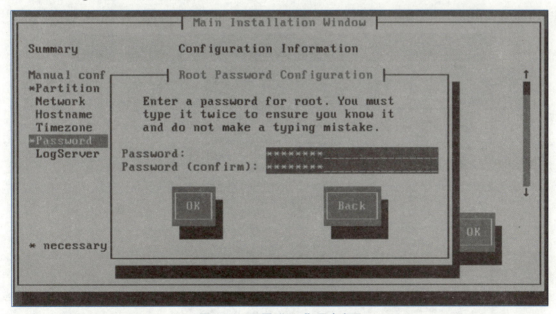

图 4-93 配置"root"用户密码

(13)在主安装界面按【F12】键,弹出确认配置对话框,按【Enter】键确认配置,如图 4-94 所示。

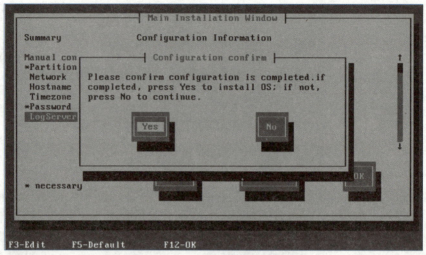

图 4-94　完成操作系统安装配置

（14）虚拟机进入"Package Installation"界面，开始安装 FusionAccess_Linux 操作系统，安装过程大约耗时 10 min，安装成功后，虚拟机将自动重启。

3. 安装配置 ITA/GaussDB/HDC/WI/License 服务组件

（1）在 FusionCompute 管理系统的"虚拟机和模板"页面左侧右击"FA-ITADBHDCWILI"虚拟机，在弹出的快捷菜单中选择"挂载 Tools"命令，如图 4-95 所示，并确认挂载。

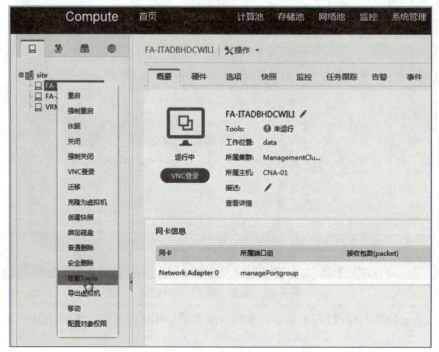

图 4-95　挂载 Tools

项目 4　桌面云搭建

（2）打开虚拟机"FA-ITADBHDCWILI"的 VNC 登录窗口，使用"root"账号密码登录 FusionAccess_Linux 操作系统。

（3）首次登录 FusionAccess_Linux 操作系统，默认弹出 FusionAccess 配置界面。选中左侧目录中的"PV Driver"选项，按【Enter】键，安装"PV Driver"驱动，如图 4-96 所示。

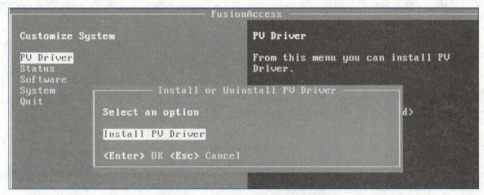

图 4-96　安装"PV Driver"驱动

（4）当对话框中提示"PV Driver installed successfully"时，说明"PV Driver"驱动安装成功，按【F8】键重启虚拟机，如图 4-97 所示。

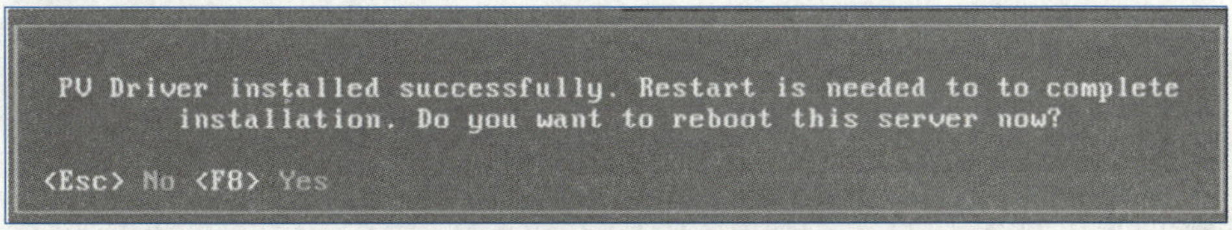

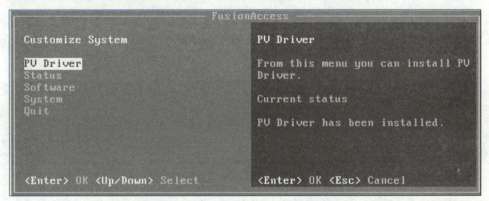

图 4-97　按【F8】键重启虚拟机

（5）使用"root"用户重新登录"FA-ITADBHDCWILI"虚拟机，在命令行中输入"startTools"命令，打开"FusionAccess"配置界面，如图 4-98 所示。

图 4-98　打开"FusionAccess"配置界面

（6）在"FusionAccess"主配置界面移动上下键依次选择"Software"→"Install all（Microsoft AD）"选项，按【Enter】键，弹出"Install all"对话框，选择"Create a new node"选项，按【Enter】

键确认，如图 4-99 所示。

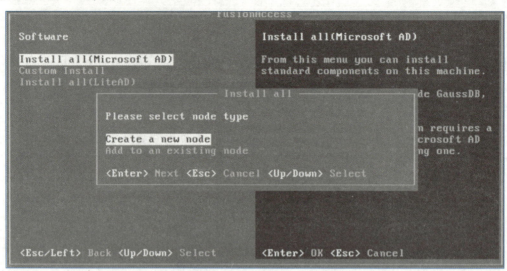

图 4-99　安装微软相关组件

（7）在弹出的"Install all（Create a new node）"对话框中选择普通模式"Common mode"选项，按【Enter】键确认创建新节点，如图 4-100 所示。

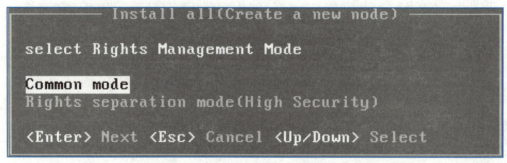

图 4-100　使用普通模式创建新节点

（8）在弹出的新建节点对话框中，设置"Local Service IP"为本虚拟机的 IP 地址"172.16.100.8"，如图 4-101 所示。

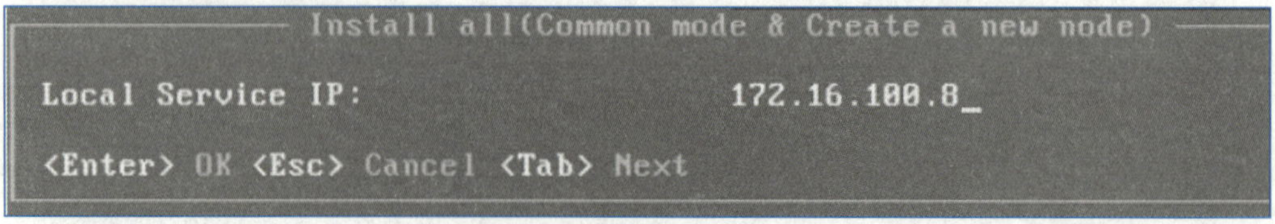

图 4-101　配置本地服务器 IP

（9）按【Enter】键确认，开始安装并配置 FusionAccess 服务组件，耗时约 3 min；当出现"Install all components successfully."对话框提示时，说明 FusionAccess 服务组件已安装成功，如图 4-102 所示。

项目 4　桌面云搭建

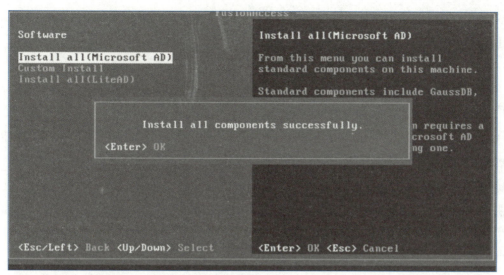

图 4-102　完成服务组件安装

## 任务 4-3　FusionAccess 桌面云系统初始配置

 **任务描述**

进行 FusionAccess 桌面云系统初始配置。

 **任务目的**

掌握 FusionAccess 桌面云系统服务组件的初始配置。

**事项需求**

- 已完成 FusionAccess 桌面云系统服务组件的安装；
- 本地 PC 与 FusionAccess 管理平面能够正常通信；
- 准备 FusionCompute 管理系统的登录用户名和密码。

 **知识准备**

网络时间协议（NTP）是用于同步计算机时间的一种协议，它可以让时钟源或时间服务器对用户计算机进行时间同步，它提供了高精准度的时间校正，且可用加密确认的方式防止恶意的协议攻击。NTP 的目的是在无序的 Internet 环境中提供精确和健壮的时间服务。

NTP 服务的配置及使用非常简单，并且占用的网络资源非常小。NTP 时间服务器目前广泛应用于网络安全、在线教学、数据库备份等领域。企业采取措施同步网络与设备的时间非常重要，时间的准确性几乎影响到所有文件操作，时钟不同步会产生难以预料的错误。

视　频

FusionAccess
桌面云系统初
始配置

本任务必须保证 FusionAccess 桌面云环境的时钟同步，才能进行 FusionAccess 桌面云系统服务组件的初始配置。

## 任务实施

### 1. FusionAccess 桌面云环境时钟同步

FusionAccess 桌面云环境无外部时钟源时，需要使用"VRM"虚拟机或"VRM"虚拟机所在的物理机作为 NTP 时钟源节点，此时应先确保所选时钟源节点的时间准确。

1）配置主机时钟源

在"CNA01"主机上配置 NTP 服务，将"CNA01"配置为 FusionAccess 桌面云环境的时钟源节点。

（1）登录时钟源节点主机"CNA01"

①通过 SSH 客户端工具访问"CNA01"节点主机，并使用"gandalf"用户登录其系统，"gandalf"用户的密码默认为"Huawei@CLOUD8"；登录成功后，使用"su-"命令切换至"root"用户（CNA 节点主机操作系统默认拒绝远程主机直接使用"root"用户访问其 SSH 服务）。

②在"CNA01"节点主机的命令行执行"TMOUT=0"命令，防止系统超时退出。

（2）手动修改节点时间。

①在"CNA01"节点主机设置自己为 NTP 时钟源，NTP 服务器 IP 为"127.0.0.1"，当地时区为"Asia/Beijing"，配置命令如下：

```
perl /opt/galax/gms/common/config/configNtp.pl -ntpip 127.0.0.1 -cycle 6 -timezone Asia/Beijing -force true
```

②在"CNA01"节点主机执行"date"命令，查看当前时间是否准确。若时间准确，执行步骤（7）；若时间不准确，执行步骤（3）。

③在"CNA01"节点主机执行如下命令停止节点主机 NTP 服务相关进程。

```
perl /opt/galax/gms/common/config/restartCnaProcess.pl
```

④在"CNA01"节点主机执行"date -s 当前时间"命令修改本地时间，命令如下：

```
date -s"2022-01-01 16:20:15"
```

⑤在"CNA01"节点主机执行如下命令将修改后的时间同步到节点主机硬件时钟。

```
/sbin/hwclock -w -u
```

⑥在"CNA01"节点主机执行如下命令启动节点主机 NTP 服务相关进程。

```
service monitord start
```

⑦等待几分钟后,执行"ntpq-p"命令查看NTP服务状态,若显示结果的"LOCAL"参数前带有"*"号,表明"CNA01"节点主机NTP服务正常运行,"CNA01"主机已成为NTP时钟源,NTP服务正常状态显示如下所示。

```
remote          refid      st  t  when  poll  reach  delay   offset  jitter
==============================================================================
*LOCAL(0)       .LOCL.     5   l  58    64    377    0.000   0.000   0.001
```

2)配置 AD 域时钟同步

(1)在虚拟机"FA-AD-01"中按下【Windows+R】组合键,弹出"运行"对话框,输入"gpedit.msc"命令并按【Enter】键,打开"本地组策略编辑器"窗口。在打开窗口左侧的树状目录中,依次展开"管理模板"→"系统"→"Windows 时间服务"→"时间提供程序"选项,此时窗口内出现时间提供程序的三个设置选项,如图 4-103 所示。

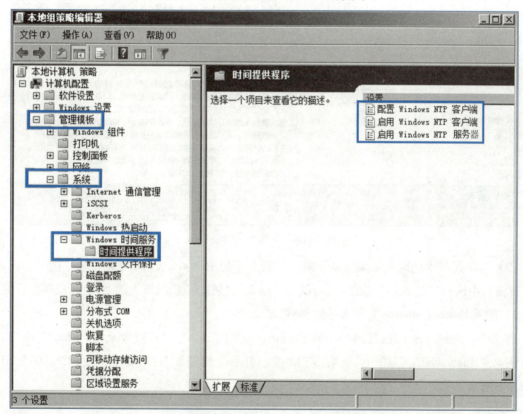

图 4-103 本地策略中的"时间提供程序"

(2)双击"配置 Windows NTP 客户端"选项,在弹出的配置窗口左上方选项区域选择"已启用"单选按钮;在配置窗口中打开"类型"下拉列表框,选择"NTP"选项,并在"NtpServer"文本框中输入 NTP 服务器的 IP 地址"172.16.100.110"。其他设置保持默认,单击"确定"按钮,如图 4-104 所示。

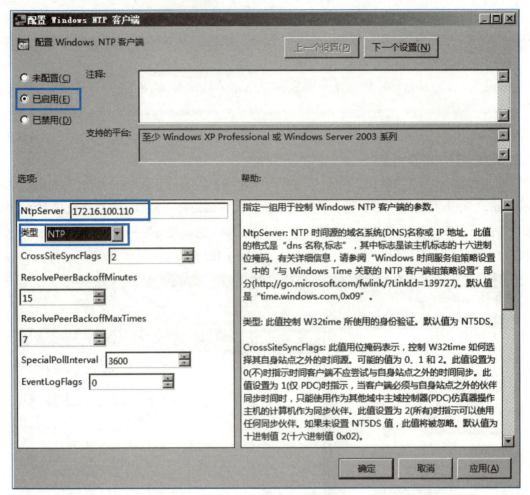

图 4-104 配置 NTP 客户端

（3）返回到"本地组策略编辑器"窗口，双击"启用 Windows NTP 客户端"选项，在弹出的配置窗口中选择"已启用"单选按钮，单击"确定"按钮，域控制器上的 NTP 客户端配置完成。

3）配置 FusionCompute 管理系统时钟同步

方法一：通过 VNC 方式访问 VRM 虚拟机，使用"root"用户登录系统，"root"用户的密码默认为"Huawei@CLOUD8！"；在 VRM 虚拟机命令行配置 NTP 服务器为"CNA01"节点，命令如下所示：

```
ntpdate 172.16.100.110
```

方法二：登录到 FusionCompute 管理系统，在主页依次单击"系统管理"→"时间管理"选项，在"时间管理"配置界面勾选"NTP"复选框，配置 NTP 服务器为"CNA01"的 IP 地址，并保存配置，如图 4-105 所示。

# 项目 4　桌面云搭建

图 4-105　配置 FusionCompute 管理系统时钟同步

4）配置 FusionAccess 桌面云系统时钟同步

通过 VNC 方式访问 FusionAccess 架构机"FA-ITADBHDCWILI",在命令行配置 NTP 服务器为"CNA01"节点,命令如下所示:

```
ntpdate 172.16.100.110
```

2. FusionAccess 桌面云系统初始配置

(1) 使用浏览器访问 FusionAccess 管理系统,协议为"http",FusionAccess 管理系统的 IP 为"172.16.100.8",端口号为"8081",FusionAccess 管理系统如图 4-106 所示。

图 4-106　FusionAccess 管理系统登录界面

（2）在 FusionAccess 管理系统的普通模式下，用户名与密码分别为"admin"与"Huawei123#"，使用普通模式的用户名与密码登录 FusionAccess 管理系统；首次登录 FusionAccess 管理系统，按照提示要求需修改新密码，密码修改完成后单击"保存"按钮，如图 4-107 所示。

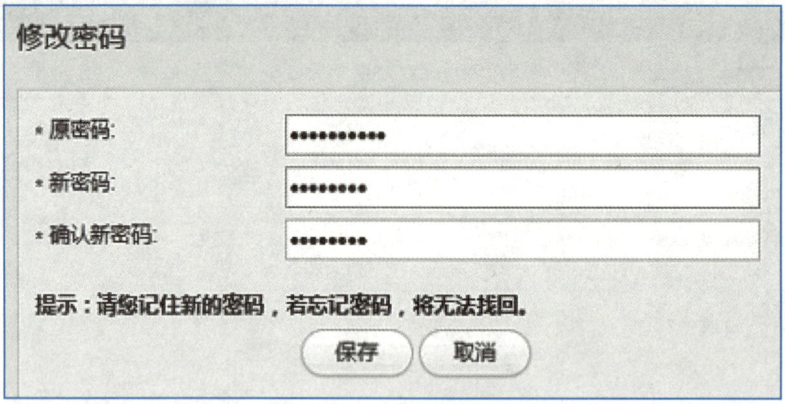

图 4-107 修改密码

（3）进入"FusionAccess 配置向导"页面，在配置向导的"配置虚拟化环境"界面，配置虚拟化环境类型为"FusionCompute"，FusionCompute IP 设置为 VRM 的 IP 地址"172.16.100.111"，FusionCompute 端口号设置为"7070"，FusionCompute 的 SSL 端口号设置为"7443"，FusionCompute 的北向接口认证账号为"vdisysman"，密码为"VdiEnginE@234"，通信协议类型设置为"https"，如图 4-108 所示。配置完成后，单击"下一步"按钮。

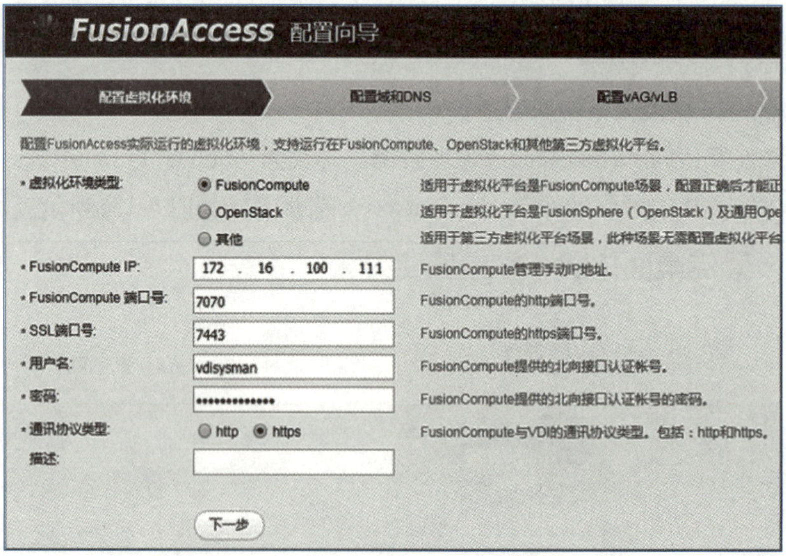

图 4-108 配置虚拟化环境

（4）进入"配置域和 DNS"界面，配置域名为"vdesktop.huawei.com"，域账户为"vdsadmin"，并配置相应账户密码，主域控制器 IP 为"172.16.100.7"，主 DNS IP 为"172.16.100.7"，如图 4-109

所示,单击"下一步"按钮。

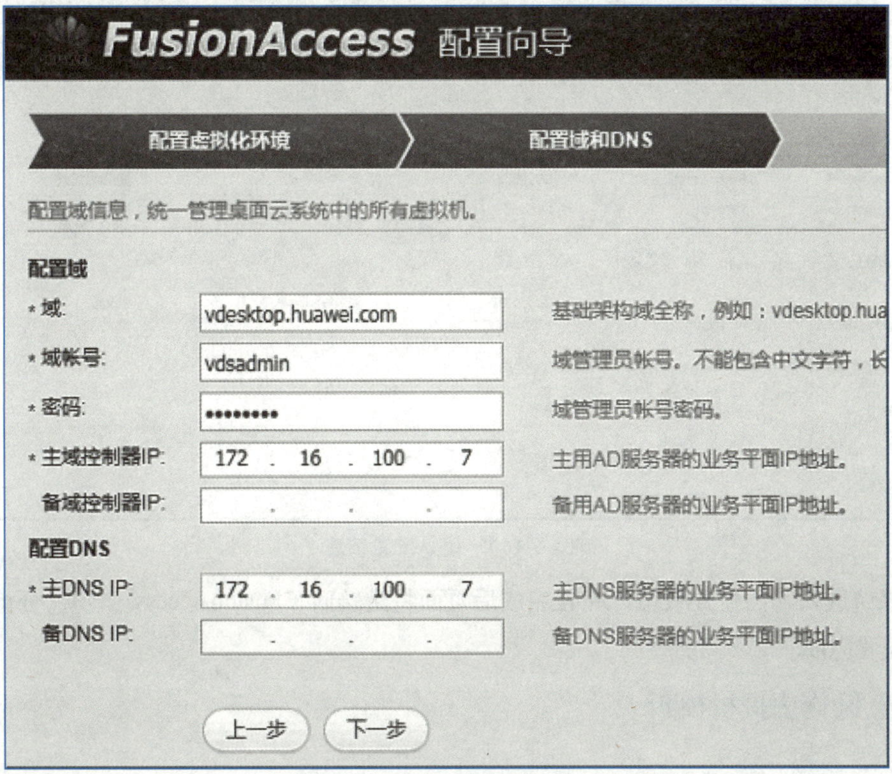

图 4-109 配置域和 DNS

(5) 进入"配置 vAG/vLB"界面,由于前面未安装 FusionAccess 桌面云的"vAG/vLB"服务组件,因此可跳过"vAG/vLB"配置,单击"下一步"按钮,如图 4-110 所示。

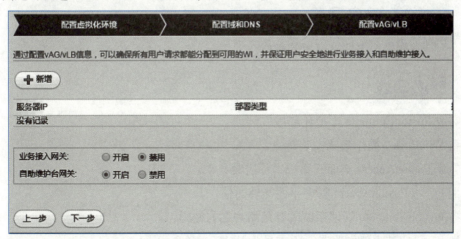

图 4-110 跳过 vAG/vLB 配置

(6) 进入"确认信息"界面,仔细核对每一项配置信息,确认无误后,单击"提交"按钮,如图 4-111 所示。

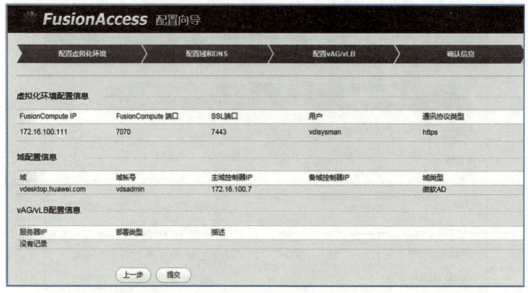

图 4-111　确认配置信息

（7）系统进入初始配置状态，配置完成后页面将跳转回"FusionAccess"首页，FusionAccess 系统初始配置完成。

## 任务 4-4　制作虚拟机模板

视　频

制作虚拟机模板

 **任务描述**

制作用户虚拟机模板。

 **任务目的**

掌握用户虚拟机模板的制作。

**事项需求**

- 已完成 FusionCompute 虚拟化环境安装；
- 准备 Windows 7 操作系统安装镜像；
- 已完成 FusionAccess 桌面云系统组件安装；
- 本地 PC 与 FusionAccess 管理平面能够通信；
- 准备 FusionCompute 管理系统的登录用户名与密码；
- 本地 PC 已安装火狐浏览器，版本号为 Firefox_46.0.1 以上；
- 本地 PC 已安装 Java，版本号为 jre-8u92-windows-i586 以上。

# 项目 4 桌面云搭建

## 知识准备

### 1. 虚拟机模板类型

FusionAccess 桌面云针对不同的应用场景可选择使用完整复制模板或链接克隆模板来部署用户虚拟机,FusionAccess 桌面云虚拟机模板类型见表 4-5。

表 4-5 桌面云虚拟机模板类型

| 模板类型 | 终端用户与虚拟机的关系 | 推荐场景 |
| --- | --- | --- |
| 完整复制 | 此类虚拟机分配给用户后,用户每次都登录到同一台虚拟机;且虚拟机关机后,保存用户设置的个性化数据。终端用户以 Administrator 管理员权限登录管理虚拟机 | OA 办公 |
| | | 分支机构接入 |
| | | 高性能图形桌面 |
| | | 高安全桌面 |
| 链接克隆 | 此类虚拟机分配给用户后,静态池用户每次都登录到同一台虚拟机;动态池用户不能每次都登录到同一台虚拟机;默认情况下,虚拟机关机后,不保存用户设置的个性化数据。终端用户以 Users 普通用户权限登录虚拟机 | 呼叫中心桌面云 |
| | | 营业厅桌面云 |
| | | 操作任务性员工 |

完整复制虚拟机在部署发放完成后,会保留分配的用户组,属于此用户组的所有用户都有权限访问此计算机。完整复制类型虚拟机模板、虚拟机、虚拟机组、用户组、桌面组之间的关系如图 4-112 所示。

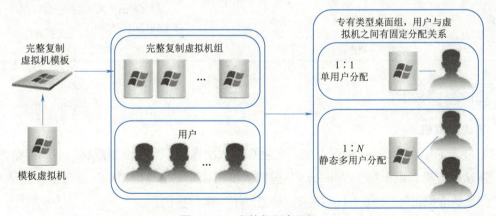

图 4-112 完整复制虚拟机

链接克隆虚拟机在部署发放完成后,虚拟机将保留制作模板时预置的用户组,属于此预置用户组的所有用户都有权限访问此计算机。链接克隆类型虚拟机模板、虚拟机、虚拟机组、用户组、桌面组之间的关系如图 4-113 所示。

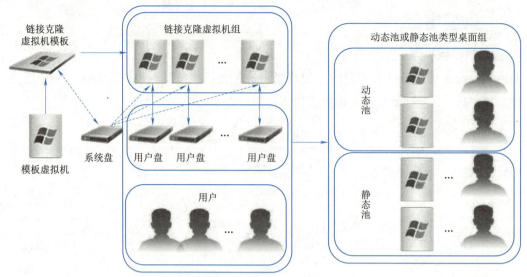

图 4-113　链接克隆虚拟机

**2. 制作 Windows 7 虚拟机模板**

制作 Windows 7 虚拟机模板需准备的软件见表 4-6。

表 4-6　软件类型

| 软件类型 | 软件名称 | 说明 |
| --- | --- | --- |
| 操作系统 ISO 文件 | Windows 7 版本系统镜像文件 | 用于给虚拟机安装操作系统 |
| 模板制作工具 | FusionAccess_Windows_Installer_V100R006C20.iso | 支持 Windows 7 简体中文 |
| 操作系统补丁 | 相应操作系统补丁 | 请根据操作系统类型、系统语言类型选择其他对应的操作系统补丁 |
| 应用软件 | 根据企业用户需求准备应用软件 | 如办公、实时通信软件等 |

### 任务实施

**1. 创建虚拟机**

（1）登录 FusionCompute 管理系统，在主页面依次选择"虚拟机和模板"→"创建虚拟机"选项，新建虚拟机，用于制作 Windows 7 虚拟机模板；在"创建虚拟机"对话框中选择创建类型为"创建新虚拟机"，如图 4-114 所示，单击"下一步"按钮。

（2）在"选择名称和文件夹"配置界面，输入虚拟机名称为"Windows 7"，并选择存放位置为"site"站点，如图 4-115 所示，单击"下一步"按钮。

（3）进入"选择计算资源"配置界面，选择"ManagementCluster"集群下的"CNA-01"主机作为计算资源，如图 4-116 所示，单击"下一步"按钮。

项目 4　桌面云搭建

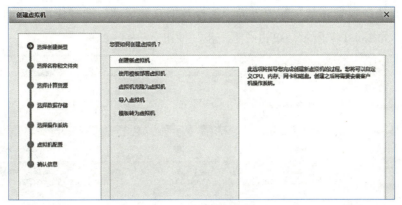

图 4-114　创建虚拟机

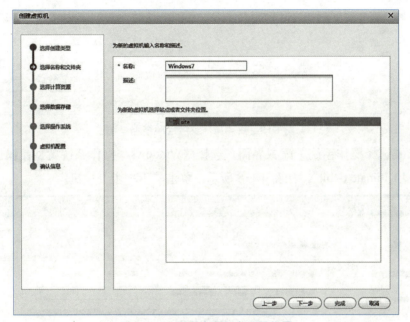

图 4-115　配置虚拟机名称及位置

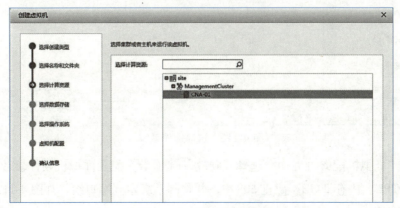

图 4-116　选择计算资源

（4）进入"选择数据存储"配置界面，选择数据存储资源，选择使用"非虚拟化"方式的数据存储资源，如图 4-117 所示，单击"下一步"按钮。

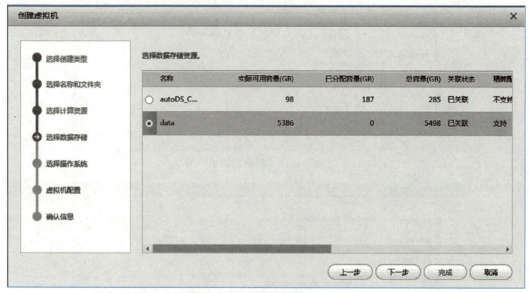

图 4-117　选择数据存储资源

（5）进入"选择操作系统"配置界面，选择"Windows"操作系统类型，操作系统版本号为"Windows 7 Ultimate 64bit"，如图 4-118 所示，单击"下一步"按钮。

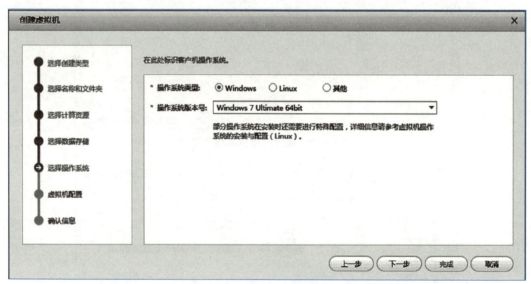

图 4-118　选择操作系统

（6）进入"虚拟机配置"界面，选择"硬件"选项卡，配置虚拟机硬件参数。为新建的虚拟机配置 1 个 CPU，内存 2 GB，磁盘 50 GB，并将网卡绑定到端口组，如图 4-119 所示。

项目 4　桌面云搭建

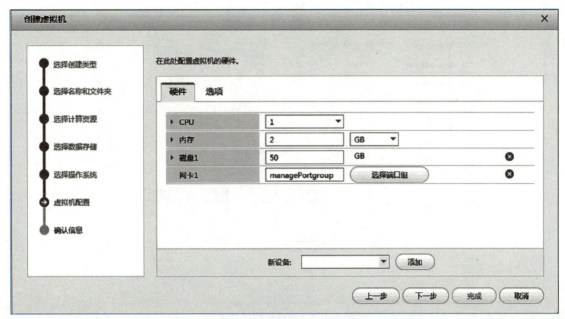

图 4-119　配置虚拟机硬件参数

（7）在"虚拟机配置"界面，选择"选项"选项卡，配置蓝屏处理策略为"重启"，其他参数保持默认，如图 4-120 所示，单击"下一步"按钮。

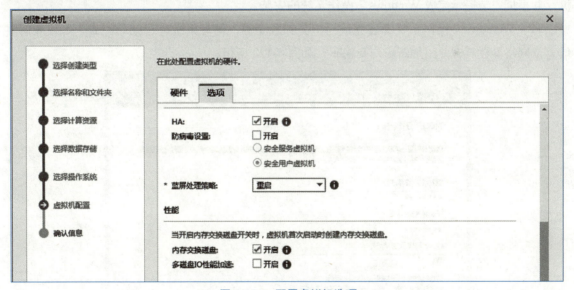

图 4-120　配置虚拟机选项

（8）配置完成，确定相关信息参数准确无误后，单击"完成"按钮，如图 4-121 所示，在弹出的对话框中单击"确定"按钮，完成虚拟机创建，关闭对话框。

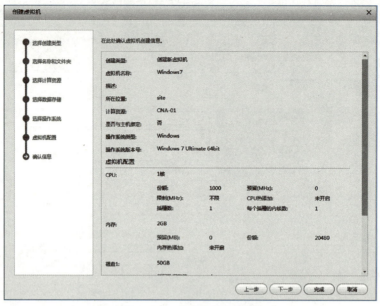

图 4-121　完成虚拟机创建

### 2. 虚拟机操作系统安装与初始配置

（1）在新建的"Windows 7"虚拟机上配置光驱，挂载 Windows 7 操作系统镜像，重启虚拟机，并根据安装提示完成 Windows 7 操作系统的安装。

（2）Windows 7 操作系统安装完成后，先卸载光驱，再对系统进行初始配置，如设置时钟信息及网络参数等，并添加新账户及密码，如图 4-122 所示。

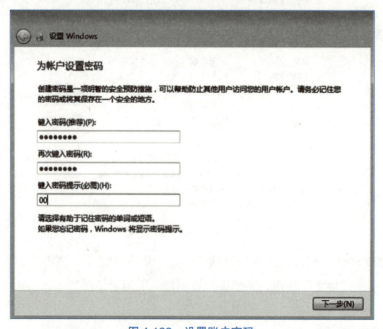

图 4-122　设置账户密码

项目 4　桌面云搭建

（3）成功登录系统后，接下来要激活"Administrator"管理员账户。在"Windows 7"虚拟机中单击任务栏左侧的"开始"菜单，打开"运行"对话框，输入"compmgmt.msc"命令，按【Enter】键打开"计算机管理"窗口，如图 4-123 所示。

图 4-123　计算机管理窗口

（4）在"计算机管理"窗口左侧目录树中，依次展开"计算机管理（本地）"→"系统工具"→"本地用户和组"选项，单击打开"用户"目录，如图 4-124 所示。

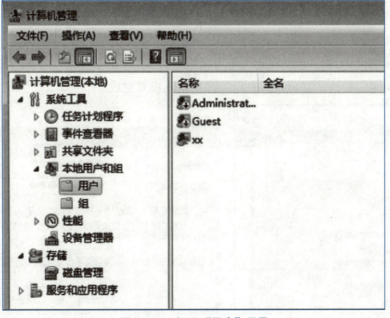

图 4-124　打开"用户"目录

(5) 在"用户"目录中右击"Administrator"用户,在弹出的快捷菜单中选择"属性"命令,打开"Administrator 属性"对话框,选择"常规"选项卡,取消勾选"账户已禁用"复选框,单击"确定"按钮,以完成"Administrator"账户激活操作,如图 4-125 所示。

图 4-125　激活"Administrator"账户

(6) 默认"Administrator"账户密码为空,因此需要给"Administrator"账户设置新密码。右击"Administrator"账户,在弹出的快捷菜单中选择"设置密码"命令(见图 4-126),弹出"为 Administrator 设置密码"对话框。

(7) 在"为 Administrator 设置密码"对话框中设置"Administrator"账户密码,如图 4-127 所示,单击"确定"按钮,"Administrator"账户密码设置完成。

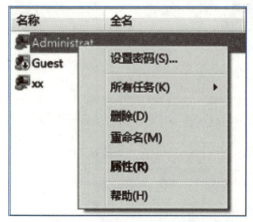

图 4-126　设置 Administrator 密码

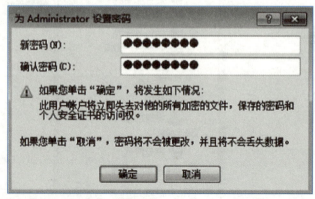

图 4-127　设置"Administrator"账户密码

## 项目 4　桌面云搭建

### 3. 配置虚拟机远程桌面服务

（1）在"Windows 7"虚拟机中单击任务栏左侧的"开始"按钮，选择"运行"命令，弹出"运行"对话框，输入"compmgmt.msc"命令，按【Enter】键打开"计算机管理"窗口，如图 4-128 所示。

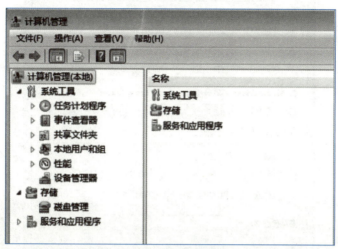

图 4-128　"计算机管理"窗口

（2）在"计算机管理"窗口左侧目录树中，依次展开"计算机管理（本地）"→"服务和应用程序"选项，单击"服务"选项，在服务列表中找到并右击"Remote Desktop Services"服务，在弹出的快捷菜单中选择"属性"命令，如图 4-129 所示，打开属性对话框。

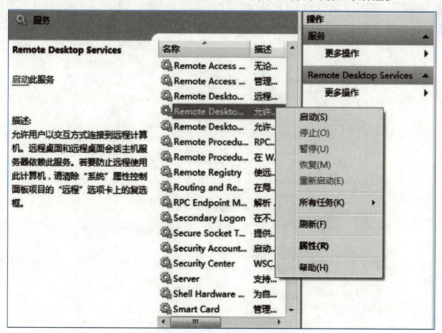

图 4-129　打开服务属性对话框

(3)在属性对话框的"常规"选项中,设置服务启动类型为"自动",单击"确定"按钮,如图 4-130 所示。

图 4-130　设置服务启动类型

**4. 配置虚拟机操作系统**

(1)在 FusionCompute 系统管理主页左侧的虚拟机目录中右击"Windows 7"虚拟机,在弹出的快捷菜单中选择"挂载 Tools"命令,单击"确定"按钮以挂载虚拟机 Tools,如图 4-131 所示。

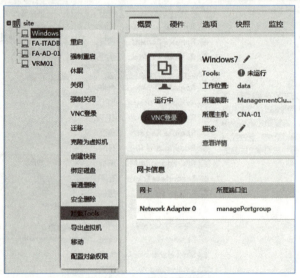

图 4-131　挂载虚拟机 Tools

项目 4　桌面云搭建

（2）虚拟机 Tools 挂载成功后，在虚拟机中打开光盘目录，找到"Setup"程序文件并右击，在弹出的快捷菜单中选择"以管理员身份运行"命令，如图 4-132 所示。

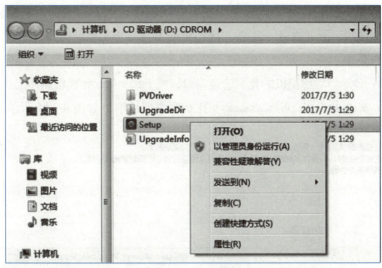

图 4-132　打开"Setup"

（3）在打开的驱动程序安装窗口中，勾选接受许可协议中的条款，单击"Install"按钮，如图 4-133 所示，根据提示安装驱动程序。

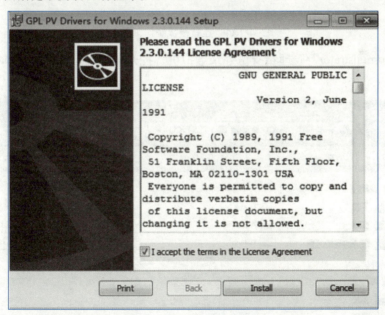

图 4-133　安装驱动程序

（4）安装完成，重启虚拟机，并以"Administrator"账户登录系统；返回到 FusionCompute 管理系统主页，在虚拟机目录中右击"Windows 7"虚拟机，在弹出的快捷菜单中选择"卸载 Tools"命令，虚拟机配置完成。

## 5. 制作完整复制型虚拟机模板

(1) 在"Windows 7"虚拟机模板制作之前,可通过 ISO 文件挂载方式或网络共享方式,复制应用软件安装包到虚拟机,并在虚拟机上安装应用软件,如办公软件、下载软件、即时通信工具等,便于用户使用。除此之外,还需将虚拟机的 IP 和 DNS 地址均设置为自动获取,以满足虚拟机模板的制作要求。

(2) 打开"Windows 7"虚拟机的光驱管理窗口,将 FusionAccess 模板制作工具"FusionAccess_Windows_Installer_V100R006C00SPCxxx.iso"挂载到虚拟机中,如图 4-134 所示。

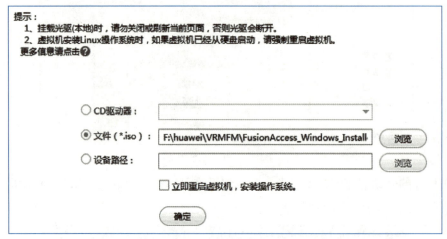

图 4-134  挂载模板制作工具

(3) 以"Administrator"管理员身份登录虚拟机,打开光盘目录,双击"run.bat"脚本,如图 4-135 所示。

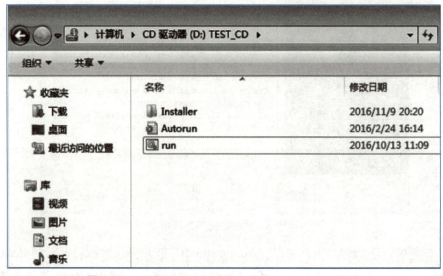

图 4-135  运行 FusionAccess Windows Installer 程序

项目 4　桌面云搭建

（4）在打开的 FusionAccess Windows Installer 程序窗口中，单击"制作模板"，如图 4-136 所示。

图 4-136　单击"制作模板"

（5）进入虚拟机模板制作界面，选择虚拟化环境为"FusionSphere（FusionCompute）"，如图 4-137 所示，单击"下一步"按钮。

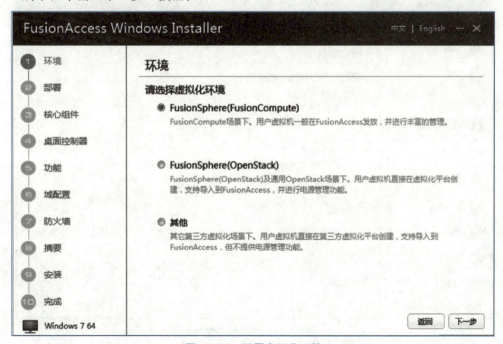

图 4-137　配置虚拟化环境

(6) 在模板类型选择界面，选择"完整复制"模板类型，如图 4-138 所示，单击"下一步"按钮。

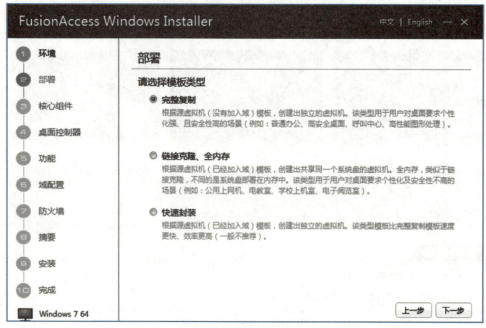

图 4-138　选择模板类型

(7) 在核心组件配置界面，选择"普通"类型，如图 4-139 所示，单击"下一步"按钮。

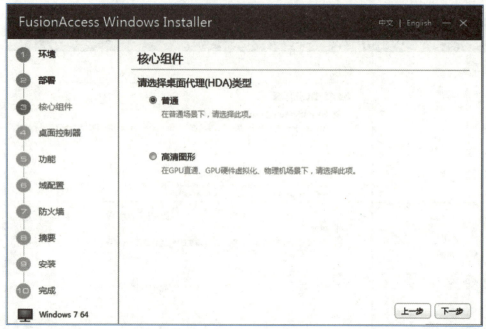

图 4-139　选择核心组件

项目 4　桌面云搭建

(8) 后续界面保持默认配置，单击"下一步"按钮，直到进入安装界面，如图 4-140 所示。

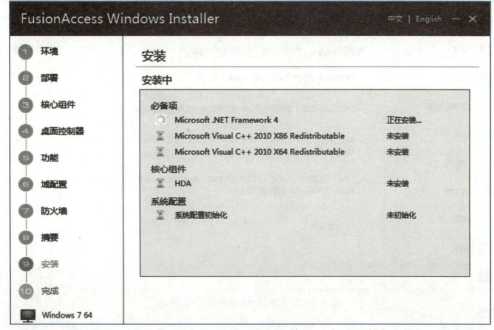

图 4-140　组件安装界面

(9) 在虚拟机模板组件安装过程中，按照提示，需重启一次系统，如图 4-141 所示。

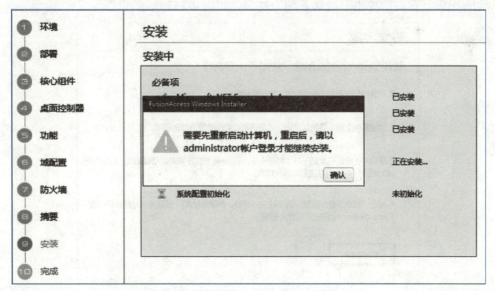

图 4-141　重启系统

(10) 再次以"Administrator"账户登录系统，安装程序将继续执行；虚拟机模板组件安装完成，如图 4-142 所示，单击"下一步"按钮，进入封装系统界面。

图 4-142　虚拟机模板组件安装完成

6. 封装系统

（1）在封装系统之前，请确保虚拟机 IP 和 DNS 地址均设置为自动获取。在"FusionAccess Windows Installer"窗口中单击"封装系统"按钮，如图 4-143 所示。

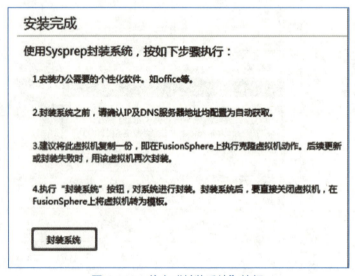

图 4-143　单击"封装系统"按钮

（2）系统进入封装阶段，如图 4-144 所示，系统封装时间较长，封装完成后，单击"完成"按钮，并卸载光驱，关闭虚拟机系统。

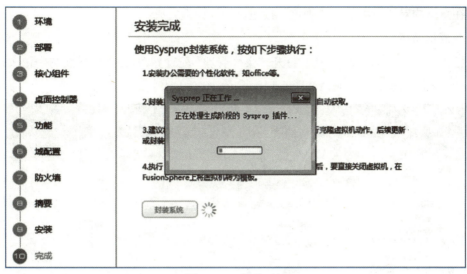

图 4-144 封装系统

**7. 虚拟机转为模板**

（1）在 FusionCompute 管理系统主页左侧的虚拟机目录中右击"Windows 7"虚拟机，在弹出的快捷菜单中选择"转为模板"命令，如图 4-145 所示。

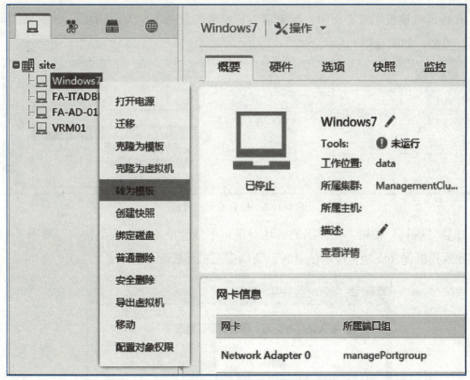

图 4-145 将虚拟机转为模板

(2)在弹出的对话框中单击"确定"按钮，转换模板完成。

### 8. 配置虚拟机模板

(1)登录 FusionAccess 管理系统，打开"桌面管理"配置界面，在左侧导航树中依次打开"业务配置"→"虚拟机模板"选项，如图 4-146 所示。

图 4-146　打开虚拟机模板配置界面

(2)在虚拟机模板配置界面中，配置虚拟机模板的业务类型为"VDI"，并配置"桌面完整复制模板"类型，如图 4-147 所示。

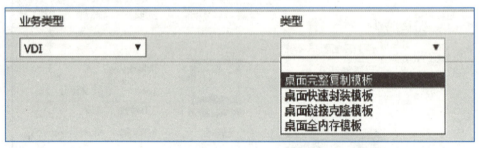

图 4-147　配置虚拟机模板

(3)单击"确认"按钮，在弹出的确认对话框中继续单击"确认"按钮，如图 4-148 所示，当弹出"配置模板保存成功"提示信息时，表明虚拟机模板配置完成。

图 4-148　确认更改模板配置

# 项目 4　桌面云搭建

## 任务 4-5　发放云桌面

视　频

发放云桌面

 **任务描述**

- 发放 FusionAccess 云桌面；
- 使用终端远程登录 FusionAccess 云桌面。

 **任务目的**

- 掌握组织单位、用户组、用户的创建及配置；
- 掌握快速发放云桌面；
- 掌握使用软件终端方式远程登录云桌面。

 **事项需求**

- FusionAccess 桌面云系统已安装完成；
- 准备 FusionAccess 桌面云登录账户及密码；
- FusionAccess 桌面云系统初始操作已完成；
- FusionAccess 桌面云虚拟机模板已制作完成。

**知识准备**

### 1. 业务发放流程

FusionAccess 桌面云在 Windows 桌面场景下，用户虚拟机可以使用 Windows 7、Windows 10、Windows Server 2008 R2、Windows Server 2012 R2、Windows Server 2016 等操作系统，Windows 桌面的业务发放流程如图 4-149 所示。

图 4-149　业务发放流程

业务发放准备：包括业务需求分析、IP 地址规划、完成 FusionAccess 组件安装与配置等；
创建网络资源：包括网络搭建、地址分配服务、域名解析服务等；
创建虚拟机用户：通过 AD 域管理域用户；
制作模板：可制作完整复制模板和链接克隆模板；
发放桌面：指快速发放云桌面、登录云桌面。

### 2. 虚拟机命名规则

在发放云桌面过程中需要创建虚拟机命名规则，虚拟机命名规则见表 4-7。

表 4-7 虚拟机命名规则

| 类别 | 参数 | 说明 | 取值样例 |
|---|---|---|---|
| 虚拟机命名规则 | 是否包含 AD 域账号 | 命名规则中是否包含登录用户虚拟机的域账号。设置链接克隆或全内存虚拟机的命名规则时,只能选择"不包含" | 包含 |
| | 命名规则名称 | 用于唯一标识命名规则,由数字、字母、下划线组成,长度范围为 1～30 个字符 | FA |
| | 计算机名前缀 | 以字母或数字开头,由字母、数字和中划线组成,不能全是数字或中划线。"计算机名前缀"与"数字位数"编号的总长度不能超过 15 个字符 | FA |
| | 数字位数 | 1～10 之间的整数 | 3 |
| | "数字位数"编号起始值 | 按"数字位数"编号的起始值。例如,数字位数为"3",起始值为"1",则第一台已分配虚拟机的"数字位数"编号为"001" | 1 |
| | 是否对单个域用户递增 | 计算机名"数字位数"编号的递增方式。选择"是",计算机名的"数字位数"编号,按单个域用户分配虚拟机的顺序递增;选择"否",计算机名的"数字位数"编号,按所有虚拟机分配的顺序递增 | 否 |

### 任务实施

**1. 创建 OU**

(1) 登录"FA-AD-01"虚拟机(域服务器),在"服务器管理器"窗口右上方打开"工具"菜单,选择"Active Directory 用户和计算机"命令,打开"Active Directory 用户和计算机"窗口,如图 4-150 所示。

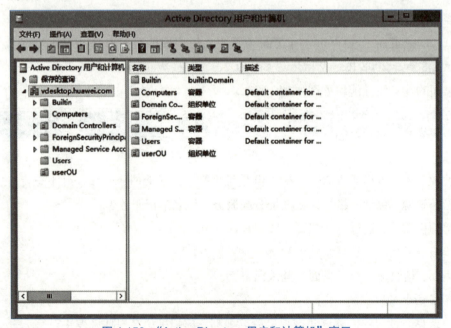

图 4-150 "Active Directory 用户和计算机"窗口

（2）在打开窗口的左侧目录树中右击"vdesktop.huawei.com"选项，在弹出的快捷菜单中选择"新建"→"组织单位"命令（见图 4-151），弹出"新建对象 - 组织单位"对话框。

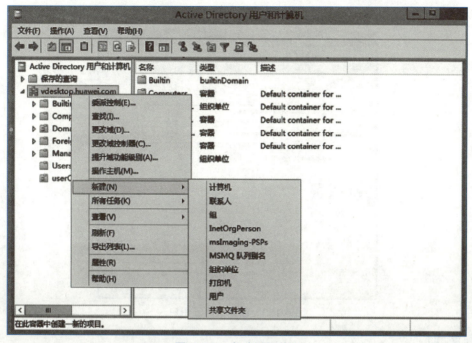

图 4-151　新建组织单位

（3）在"新建对象 - 组织单位"对话框中输入 OU（组织单位）的名称，如"FA"，如图 4-152 所示，单击"确定"按钮，完成 OU 的创建。如果需要创建子 OU，可右击父 OU 名称，在弹出的快捷菜单中选择"新建"→"组织单位"命令，根据提示完成子 OU 的创建。

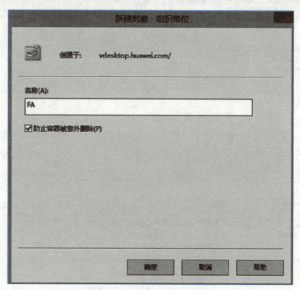

图 4-152　配置 OU 名称

（4）在"Active Directory 用户和计算机"窗口中右击新建的组织单位"FA"，在弹出的快捷菜单中选择"新建用户"命令，新建桌面云用户"001"，设置相应密码，如图 4-153 所示，桌面云用户创建完成。

图 4-153　创建桌面云用户

2. 配置 OU

（1）登录 FusionAccess 管理系统，选择"系统管理"选项卡，在左侧导航树中依次选择"初始配置"→"域 /OU"选项，进入"域 /OU"配置界面，如图 4-154 所示。

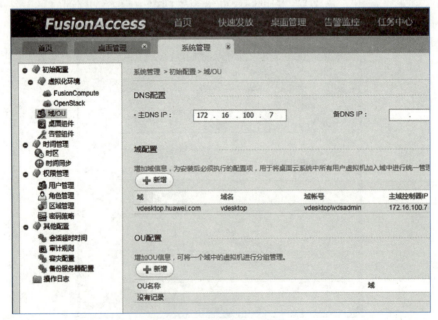

图 4-154　"域 /OU"配置界面

（2）在"域/OU"配置界面下方的"OU 配置"区域，单击"新增"按钮，在新增 OU 对话框中输入 OU 名称"FA"，并选择当前 AD 域，如图 4-155 所示，单击"确定"按钮，OU 配置完成。

### 3. 配置虚拟机命名规则

（1）在 FusionAccess 管理系统界面选择"桌面管理"选项卡，在左侧导航树中

图 4-155 配置"域/OU"

依次选择"业务配置"→"虚拟机命名规则"选项，进入"虚拟机命名规则"配置界面，如图 4-156 所示，单击"新增"按钮。

图 4-156 "虚拟机命名规则"配置界面

（2）在"虚拟机命名规则"配置界面中，配置命名规则名称、是否包含 AD 域账号、计算机前缀、数字位数、"数字位数"编号起始值、是否对单个域用户递增等信息，如图 4-157 所示。

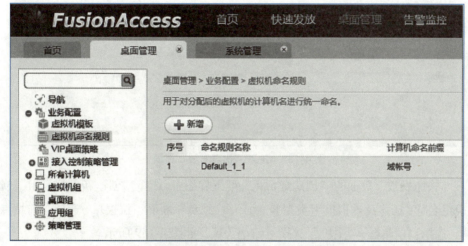

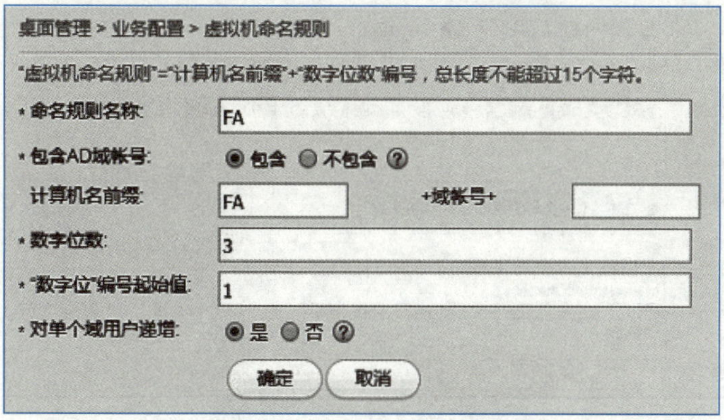

图 4-157 配置虚拟机命名规则

（3）在"虚拟机命名规则"配置界面，依次单击"确定"→"保存"按钮，新增命名规则完成。

### 4. 快速发放云桌面

（1）在 FusionAccess 系统管理界面中选择"快速发放"选项卡，进入云桌面快速发放页面，如图 4-158 所示。

图 4-158　进入"快速发放"页面

（2）在"快速发放"页面的"创建虚拟机"配置界面中，选择"创建新虚拟机组"单选按钮，配置虚拟机组名称、描述及虚拟机组类型等。打开"站点"右侧下拉菜单，选择当前站点"site"，"资源集群"选择当前集群，"主机"选择"CNA-01"，如图 4-159 所示。

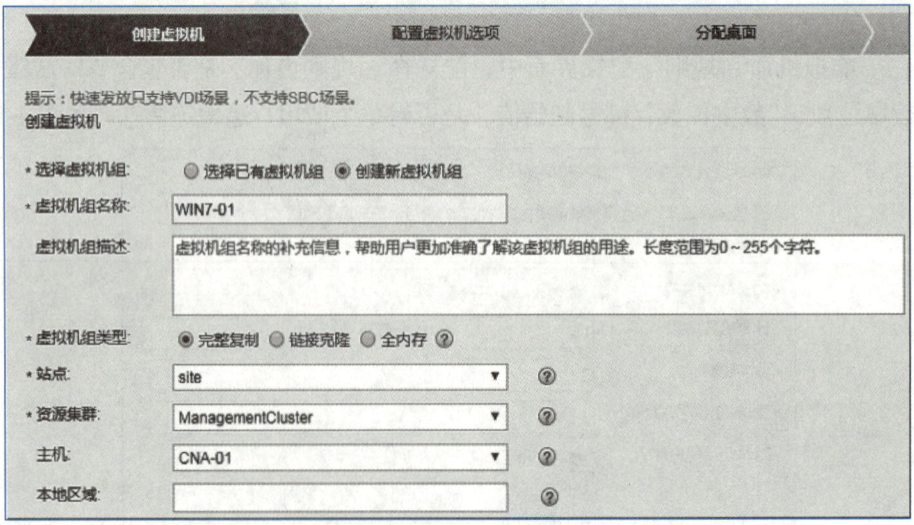

图 4-159　创建新虚拟机组

项目 4　桌面云搭建

(3) 单击"虚拟机模板"右侧的"选择"按钮,在弹出的对话框中选择"Windows 7"虚拟机模板,并单击"确认"按钮,如图 4-160 所示。

图 4-160　选择虚拟机模板

(4) 根据用户实际需求选择配置相应 CPU 个数、内存大小、磁盘空间等参数,如图 4-161 所示。

图 4-161　配置虚拟机硬件参数

(5) 在创建虚拟机界面下方,单击"网卡 1"右侧的操作按钮,如图 4-162 所示,打开"网卡配置"对话框。

图 4-162　配置网卡信息

(6) 在"网卡配置"对话框中,配置网卡所属的端口组,IP 获取方式设置为"DHCP",如图 4-163 所示,单击"确定"按钮。

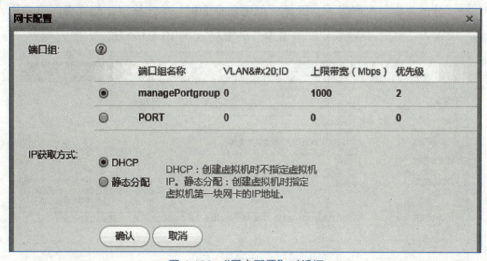

图 4-163　"网卡配置"对话框

(7) 在创建虚拟机界面下方,配置创建的虚拟机数量为"1",如图 4-164 所示,单击"下一步"按钮,进入"配置虚拟机选项"配置界面。

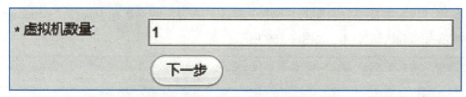

图 4-164　配置虚拟机数量

（8）在"配置虚拟机选项"配置界面，打开"虚拟机命名规则"右侧下拉列表并选择前面创建的命名规则"FA"，输入虚拟机名称前缀，"域名称"选择当前 AD 域，"OU 名称"选择前面创建的组织单位"FA"，如图 4-165 所示，单击"下一步"按钮，进入"分配桌面"配置界面。

图 4-165　配置虚拟机计算机名称、域

（9）在"分配桌面"配置界面，选择"创建新桌面组"单选按钮，配置桌面组名称，"虚拟机组类型"设置为"专用"，设置分配类型为"单用户"，如图 4-166 所示。

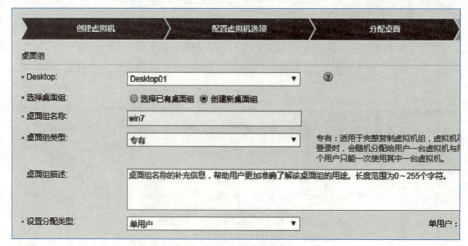

图 4-166　配置桌面组

（10）在"分配桌面"配置界面下方，为分配的桌面添加相应用户及权限，如为桌面添加组织单位"FA"中的"001"用户，设置权限组为"administrators"，如图 4-167 所示。

图 4-167　添加桌面组的用户及权限

（11）在"分配桌面"配置界面下方单击"下一步"按钮，进入"确认信息"界面，如图 4-168 所示。

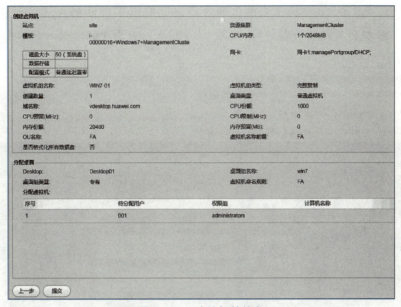

图 4-168　确认相关信息

（12）在"确认信息"界面检查相关配置信息准确无误后，单击"提交"按钮，快速发放操作成功，如图 4-169 所示。

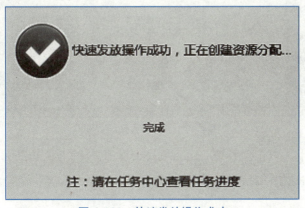

图 4-169　快速发放操作成功

(13) 在 FusionAccess 系统管理界面依次选择"任务中心"→"任务跟踪"选项，进入任务跟踪界面，等待一段时间后，云桌面发放完成，如图 4-170 所示。

| 进度 | 操作结果 | 任务状态描述 | 完成时间 |
| --- | --- | --- | --- |
| 100% | 成功 | 完成 | 2018-12-14 21:54:05 |

图 4-170　云桌面发放完成

### 5. 登录云桌面

华为 FusionAccess 桌面云可通过软件终端、浏览器、瘦终端、移动终端等方式登录云桌面，以下是通过使用软件终端方式登录云桌面的操作步骤。

(1) 确保 PC 与 FusionAccess 桌面云服务器之间能够实现网络互通，在 PC 中打开浏览器，在地址栏中输入桌面云服务器地址"172.16.100.8"，打开 FusionAccess 客户端登录页面，如图 4-171 所示。

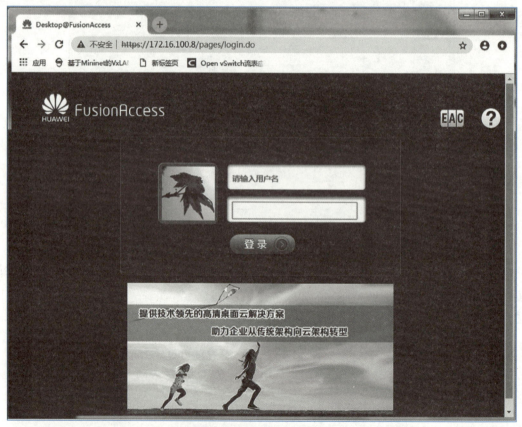

图 4-171　桌面云登录界面

(2) 使用桌面云用户"001"登录 FusionAccess 桌面云客户端，启动客户端，如图 4-172 所示，单击页面上方的"点击这里"超链接，下载 AccessClient 桌面云客户端安装程序。

项目 4 桌面云搭建

图 4-172 启动客户端

（3）打开下载好的"AccessClient-CloudClient"桌面云客户端安装程序，按照提示安装桌面云客户端软件，如图 4-173 所示。

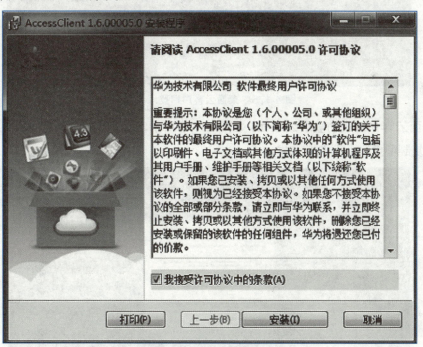

图 4-173 安装桌面云客户端

（4）桌面云客户端安装成功后，打开桌面云客户端程序，在桌面云客户端窗口中单击"添加"按钮，弹出"编辑服务器信息"对话框，任意配置服务器名，服务器地址配置为"https://172.16.100.8"，如图 4-174 所示，单击"确定"按钮。

图 4-174 "编辑服务器信息"对话框

（5）在桌面云客户端窗口选中刚添加的服务器，单击"启动"按钮，打开桌面云客户端登录界面，输入桌面云用户"001"账号及密码，如图 4-175 所示，单击"登录"按钮登录云桌面。

图 4-175 桌面云客户端登录界面

（6）桌面云客户端成功登录云桌面，如图 4-176 所示，FusionAccess 桌面云服务使用正常。至此，完整复制型虚拟桌面部署完成。

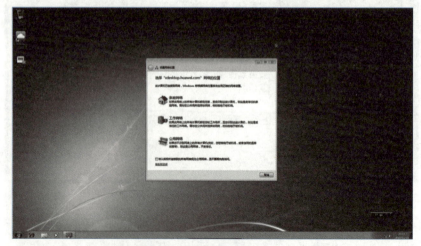

图 4-176 成功登录云桌面

## 项目 4  桌面云搭建

## 小　结

本项目主要介绍了如何部署华为 FusionAccess 桌面云。首先是部署桌面云所需的 AD 域环境和配置桌面云所需的 DNS、DHCP 服务；其次是部署 FusionAccess 桌面云系统组件和配置 FusionAccess 桌面云系统以及制作用户虚拟机模板；最后是在 FusionAccess 桌面云系统发放云桌面，用户使用终端设备远程登录云桌面。

部署 FusionAccess 桌面云系统，集中管理用户云桌面虚拟机，解决了传统 PC 办公模式给用户带来的如安全、投资、办公效率等方面挑战。在桌面云环境下，实现了数据上移、信息安全、高效维护、自动管控、应用上移、业务可靠、无缝切换、移动办公、降温去噪、绿色办公、资源弹性、复用共享等价值，适合大中型企事业单位、政府部门、分散户外及移动型办公单位使用。

## 习　题

一、单选题

1. FusionAccess 由多个部件组成，下列（　　）不是必选部件。

　　A. TSM　　　　B. HDC　　　　　C. ITA　　　　　　D. WI

2. FusionAccess 终端用户在 Web Interface 页面看到的虚拟桌面列表，事实上存储在（　　）部件中。

　　A. WI　　　　　B. HDC　　　　　C. AD　　　　　　D. Database

3. 在华为云计算整体解决方案 FusionCloud 中，FusionAccess 的逻辑位置（　　）。

　　A. 在物理设备和 FusionSphere 之间　　　B. 在 FusionCompute 之上

　　C. 和 FusionStorage 平行　　　　　　　D. 在 FusionManager 之上

4. 桌面云又称"云里的 PC"，其底层的核心技术是（　　）。

　　A. 分布式管理技术　　　　　　　　　　B. 桌面协议技术

　　C. 虚拟化技术　　　　　　　　　　　　D. 移动终端技术

5. 华为桌面云终端用户在 Web Interface 登录页面可以自定义虚拟桌面的电源管理策略，下面不是华为云桌面提供的虚拟桌面电源管理策略的是（　　）。

　　A. 禁止自动关机 / 重启 / 休眠　　　　　B. 禁止关机

　　C. 允许自动关机 / 重启　　　　　　　　D. 允许自动休眠

二、多选题

1. 某公司采购了服务器、交换机、存储和 TC，要求将公司现有办公桌面从 PC 全部迁移到云端，员工可以直接使用账号密码通过 TC 或者 SC 登录云端的办公桌面，以下（　　）是必选的。

A. FusionCompute  B. FusionStorge
C. FusionManager  D. FusionAccess
E. FusionNetwork

2. 下面关于用户登录虚拟桌面的描述中正确的是（    ）。
   A. 用户通过浏览器就可以查看自己所拥有的虚拟桌面
   B. 用户可以"启动、登录、重启"分配给自己的虚拟桌面
   C. FusionAccess 管理所有虚拟桌面的状态
   D. 用户可以在 WI 登录页面删除分配给自己的虚拟桌面

3. 华为桌面云解决方案可由（    ）组成。
   A. FusionAccess  B. FusionSphere
   C. FusionInsight  D. TC 终端

4. 下面关于 FusionAccess 各个部件功能的描述中正确的是（    ）。
   A. Web Interface 提供最终用户接入界面入口
   B. HDA 部署在 Windows 和 Linux 用户虚拟机中，负责实现 HDP 接入以及向 HDC 上报状态和连接信息
   C. TC 是用于接入桌面的终端
   D. WI 通过 WIA 控制虚拟机的启动、重启

5. FusionAccess 链接克隆桌面特性包含（    ）。
   A. 将母卷和差分卷组合映射为一个链接克隆卷，提供给虚拟机使用
   B. 链接克隆桌面池提供统一的软件更新和统一的系统还原等桌面维护功能
   C. 链接克隆具有创建虚拟机速度快、磁盘存储占用空间小的优点
   D. 链接克隆桌面比普通虚拟机的计算处理能力更高

### 三、思考题

1. FusionAccess 的主要功能是什么？
2. FusionAccess 由哪些部件组成？
3. FusionAccess 的 Web Interface 部件实现的主要功能是什么？
4. FusionAccess 所有组件都可以采用虚拟机部署，哪个组件推荐在主备双节点部署？
5. FusionAccess 的配置管理功能包含哪些？

## 项目实训 6　安装部署 FusionAccess 桌面云域环境

### 一、实训目的
① 掌握安装 AD/DNS/DHCP 服务组件；
② 掌握配置 AD 服务；

③掌握配置 DNS 服务；
④掌握配置 DHCP 服务。

### 二、实训环境要求
①已完成 FusionCompute 虚拟化平台安装，并可进行平台登录；
②已获取 Windows Server 2012 R2 Standard 64bit 镜像；
③本地 PC 已安装 Java 插件；
④本地 PC 已安装 FusionCommon 客户端插件；
⑤环境中建议只创建一个 DHCP 地址池，如果有多个 DHCP 服务，要保证地址池相互独立。

### 三、实训内容
某企业数据中心已部署华为 FusionCompute 虚拟化架构，为满足用户桌面云服务需求，要求搭建部署 FusionAccess 桌面云，现阶段需安装部署 FusionAccess 桌面云域环境，FusionAccess 桌面云各组件 IP 地址分配情况见表 4-8。

表 4-8　FusionAccess 桌面云各组件 IP 地址表

| 组件 | 主机名 | IP 地址规划 | 子网掩码 | 网关 |
| --- | --- | --- | --- | --- |
| CNA-01 | CNA-01 | 192.168.100.110 | 255.255.255.0 | 192.168.100.1 |
| VRM | VRM | 192.168.100.111 | 255.255.255.0 | 192.168.100.1 |
| AD/DNS/DHCP | FA-AD1 | 192.168.100.7 | 255.255.255.0 | 192.168.100.1 |
| 用户 DHCP 地址池 | | 192.168.100.10~192.168.100.50 | 255.255.255.0 | 192.168.100.1 |

完成下列操作任务：
①在华为 FusionCompute 虚拟化平台上新建虚拟机"FA-AD1"，安装并搭建 FusionAccess 桌面云的 AD 域环境。
②安装 DNS 服务，配置 DNS 域名正向、反向解析服务，为 FusionAccess 桌面云系统添加正向反向解析条目。
③安装 DHCP 服务，为桌面云用户配置 DHCP 地址池。

## 项目实训 7　安装配置 FusionAccess 桌面云系统

### 一、实训目的
①掌握安装部署 ITA/GaussDB/HDC/WI/License 服务组件；
②掌握 FusionAccess 桌面云系统服务组件的初始配置；
③掌握用户虚拟机模板的制作。

### 二、实训环境要求
①已完成 FusionCompute 虚拟化平台安装；

②本地 PC 与 VRM 能够正常通信；
③准备 FusionCompute 管理系统的登录用户名和密码；
④本地 PC 已安装 Java；
⑤本地 PC 已安装 FusionCommon 客户端插件；
⑥准备"FusionAccess_Linux_Installer_V100R006C00SPC100.iso"FusionAccess 管理系统镜像文件。

### 三、实训内容

某企业数据中心已部署华为 FusionComputer 虚拟化架构，为满足用户桌面云服务需求，要求搭建部署 FusionAccess 桌面云，现阶段已安装部署 FusionAccess 桌面云域环境，需要安装配置 FusionAccess 桌面云系统，桌面云系统架构各组件 IP 地址分配情况见表 4-9。

表 4-9　FusionAccess 桌面云系统架构各组件 IP 地址表

| 组件 | 主机名 | IP 地址规划 | 子网掩码 | 网关 |
| --- | --- | --- | --- | --- |
| CNA-01 | CNA-01 | 192.168.100.110 | 255.255.255.0 | 192.168.100.1 |
| VRM | VRM | 192.168.100.111 | 255.255.255.0 | 192.168.100.1 |
| AD/DNS/DHCP | FA-AD1 | 192.168.100.7 | 255.255.255.0 | 192.168.100.1 |
| ITA/GaussDB/HDC/WI/License | FA-Linux1 | 192.168.100.8 | 255.255.255.0 | 192.168.100.1 |
| 用户 DHCP 地址池 |  | 192.168.100.10~192.168.100.50 | 255.255.255.0 | 192.168.100.1 |

完成下列操作任务：
①新建虚拟机"FA-Linux1"，安装部署 FusionAccess 桌面云系统架构机，并配置相关服务组件，完成 FusionAccess 桌面云系统搭建；
②配置 FusionAccess 桌面云环境时钟同步，对 FusionAccess 桌面云系统进行初始配置；
③新建虚拟机，完成虚拟机上 Windows 7 操作系统的安装与初始配置，为云桌面制作完整复制型虚拟机模板，并在 FusionAccess 管理系统中对其进行关联配置。

## 项目实训 8　发放云桌面

### 一、实训目的
①掌握组织单位、用户组、用户的创建及配置；
②掌握快速发放云桌面；
③掌握使用软件终端方式登录云桌面。

### 二、实训环境要求
① FusionAccess 桌面云系统已安装完成，且拥有账户及密码；
② FusionAccess 桌面云系统初始操作已完成；

## 项目 4　桌面云搭建

③ FusionAccess 桌面云虚拟机模板已制作完成；
④客户 PC 与 FusionAccess 桌面云系统能够通信。

### 三、实训内容

某企业数据中心已部署华为 FusionComputer 虚拟化架构，为满足用户桌面云服务需求，要求搭建部署 FusionAccess 桌面云，现阶段已安装部署 FusionAccess 桌面云域环境和安装配置 FusionAccess 桌面云系统，需要发放云桌面，桌面云系统架构各组件 IP 地址分配情况见表 4-10。

表 4-10　FusionAccess 桌面云系统架构各组件 IP 地址表

| 组件 | 主机名 | IP 地址规划 | 子网掩码 | 网关 |
| --- | --- | --- | --- | --- |
| CNA-01 | CNA-01 | 192.168.100.110 | 255.255.255.0 | 192.168.100.1 |
| VRM | VRM | 192.168.100.111 | 255.255.255.0 | 192.168.100.1 |
| AD/DNS/DHCP | FA-AD1 | 192.168.100.7 | 255.255.255.0 | 192.168.100.1 |
| ITA/GaussDB/HDC/WI/License | FA-Linux1 | 192.168.100.8 | 255.255.255.0 | 192.168.100.1 |
| 用户 DHCP 地址池 |  | 192.168.100.10~192.168.100.50 | 255.255.255.0 | 192.168.100.1 |

完成下列操作任务：
①在域环境中为用户创建 OU，并在 FusionAccess 管理系统中配置 OU；
②在 FusionAccess 管理系统中配置用户虚拟机命名规则，并快速发放云桌面；
③在客户端下载安装 AccessClient 桌面云客户端程序，登录云桌面。

## 拓展阅读　华为云桌面正式商用

华为在 2022 年 4 月 1 日宣布，华为云全新云原生桌面服务——华为云桌面正式商用。华为称："作为基于华为云云原生架构设计和构建，生于云、长于云的云桌面服务，华为云桌面能够便捷地调用云上的各种服务，实现配置动态变更、资源水平扩展、在线持续演进等功能，助力政企打造便捷、安全、低维护成本、高服务效率的云上办公系统！"

华为云桌面是华为云上基于 SaaS 的桌面服务。购买后即可使用，可根据需要灵活申请和调整 CPU、内存、磁盘等桌面规格，分分钟部署。无论你的位置或设备如何，员工都可以随时随地直接访问办公空间。应用响应不依赖于终端的处理能力，而是直接利用云桌面服务器的优越性能，大幅提升应用处理速度和用户体验。借助华为交付协议（Huawei Delivery Protocol），华为云桌面可以为用户带来高清视觉享受的流畅办公体验，保证 YUV444 真彩无损显示，专业 10 位色深，流畅细腻，4K/60 帧高动态场景更流畅高效。

华为云桌面具有设备访问、传输管道和云平台三种安全机制。此外，它还有 10 项关键措施，实现数据不落地、行为可追溯、流程可审计，规避企业办公的各种数据安全风险。同时，通过显式／隐式桌面水印、外设控制、文件传输控制等多重强控安全策略，大大降低信息泄露和安全风险。

# 参考文献

[1] 王隆杰,梁广民. 华为云计算 HCNA 实验指南 [M]. 北京：电子工业出版社，2016.

[2] 王春海. VMware 虚拟化与云计算应用案例详解 [M]. 北京：中国铁道出版社，2017.

[3] 李力. 云操作系统 [M]. 北京：机械工业出版社，2016.

[4] 罗晓慧. 浅谈云计算的发展 [J]. 电子世界，2019(8):104.